厉害了，我的橱柜！

——橱柜设计超图解

游淑慧 著

江苏凤凰科学技术出版社

序一 掌握材质，才能打造风格

　　玄关的鞋柜、客厅的电视柜、工作室的书柜、厨房的餐具柜、卧室的衣柜、卫浴的收纳柜，我们的生活空间中，几乎少不了收纳柜的存在。它们的存在是习以为常又容易被视为理所当然的存在，有多少真正符合生活需求又实现了完美功能性呢？如游淑慧设计师所说，占了居家空间70%的都是收纳柜，岂能等闲视之？透过本书深入浅出的解析，人人都可享受收纳柜设计的功能与美丽，享受得心应手的收纳，不再需要将就制式化的系统柜。

　　淑慧除了有双设计的慧眼，更有透彻的观察力和灵透的心思，她看到的不只是空间，更是生活在其中的人。家庭成员的组成、男女的收纳习惯、空间格局的限制，甚至是使用者的身高、拿取物品是否顺手，她都会为使用者仔细思量。这些充满人性的生活场景，都成了她挥洒设计的基础数据，也因为她温暖的双手和充满爱的双眼，才能将收纳柜剖析得如此透彻。

　　尤其淑慧对素材的掌握已超越功能的层次，更有游刃有余的美学素养。她深知现代空间的限制，除了利用素材塑造风格外，若遇到空间不足或畸零空间，还可以运用材质搭配达到理想的美感效果。希望读者们也能跟着淑慧的经验，认识板材、五金、漆等材质，掌握这些基础知识，您将拥有更多的选择，同时也能与设计师顺畅沟通，预算上必然也更加灵活。

　　无论是一般大众、相关学科的学子，甚至是室内设计师，都能从本书中获得珍贵启发。尤其是想亲手打造居家空间的人，不妨参考书中丰富的案例与施工图，必然能从中找到深得您心的设计思路。只要掌握了收纳柜设计的窍门，就能感受到系统柜所不及的工艺与精粹，拥有一个好用又好看的家。

高海明

序二

做好收纳，让生命井然有序

家，是安身立命的地方，是收藏回忆的地方，是充满幸福感的地方。投注了半生积蓄，终于拥有自己的天地归所，那份喜悦让人永生难忘。然而，现代人的生活总是忙碌又紧凑，随着人生阶段的更迭，东西渐渐多了、空间随之缩小了，既然不可能一直换房子，如何收纳就是每个人都该学的生活课题。

翻开这本书，不禁令人会心一笑。游淑慧设计师先不谈收纳柜设计，而是不藏私地分享她的"游式收纳"，13个活用技巧犹如醍醐灌顶，不但告诉我们如何针对不同物品进行收纳，也提醒大家审视自己的生活习惯，不着痕迹地点出收纳与收纳柜的表里关系。吸取了"游式收纳"的秘籍精华，往往有恍然大悟之感，原来问题不一定在于买太多，而是在于尚未掌握收纳的窍门。

书中不仅提到对孩子学习更便利的收纳、对长辈生活更贴心的收纳，甚至还提到现代不可避免的物质生活应如何为未来的生活收纳做准备。这本书不只是收纳柜设计的实用书，也是值得主妇们人手一本的生活宝典，向淑慧偷学几招，就能让家更好整理，更容易清洁。原来不是只要收到眼不见为净就好，而是要收得有智慧，除了生活更便利，也减少打扫的频率、资源的浪费，同时让时间运用更有效益，这不也是一种环保的生活实践吗？

书中淑慧与业主们的互动，真让人心生羡慕，让人再三感受到她的美好设计来自体贴的心。那些托付给她的家，不只是美好亮丽的房子，也必然是温馨幸福的空间吧！拿起这本书，宛如打开一扇通往幸福生活的大门，设计不再是为有钱人服务，而是人人都能拥有的生活良伴。

张素华

序三
好收纳柜，就是近在身边的幸福

设计之于生活，可近，也可远。设计可以是生活的调剂，或是便利的基础，抑或是展现使用者的美学品味与人生涵养。手捧淑慧的书，您将发现设计距离生活并不遥远，而是近在身边，近在那伸手可得的一方收纳柜。

淑慧透过精彩的实例让我们看到，设计师的成就除了挥洒个人创意，更在于细心关照方方面面的需求。例如，她告诉我们，如何打造五感愉悦的居家空间；孩子小的时候需要较多父母陪伴的空间；青少年时期则需要多一些公共空间和双亲相处；而父母年老时，则需要为他们的银发生活做准备。顺应人生周期的空间规划，和现今企业讲求精致服务，追求客制化产品的理念不谋而合。

如何针对五花八门的纷杂物品做最有效率的归纳？如何审视生活习惯，打造最好用的收纳柜？淑慧分享的诀窍不仅是她多年的经验累积，更是贴近主人需求，呼应各种生活模式而提出的最佳方案。看完这本书，不仅能掌握收纳柜设计的要领，还能进一步理解设计师的所思所想，原来看似平凡的设计背后有诸多细节考虑！

一面收纳柜就是家中的一道风景线，如何做到好看又好用则有无限学问。尤其现代家庭往往寸土寸金，如何善用收纳柜挖出更大的收纳空间，甚至在预算有限的情况下，如何一柜多用，让收纳柜除了收纳，还有工作、展示、美观的功能，甚至解决空气流通的问题，这些提问都能在淑慧的书中找到解答。同时，对材质、风格、专业术语多一些认识，更能真正达到让收纳柜为收纳服务，不再让收纳屈就于收纳柜的效果。

感谢淑慧的大方分享，这本书见证了她的设计成就，也收藏了她与业主的珍贵情谊，她不只是为人们打造温馨家居的设计师，更是幸福生活的真挚推手。

高毅存

序四
收藏美的记忆，享受优雅生活

　　从事美容行业至今，我深知女人追求美丽的真切心情，也见证过无数贴近美丽的喜悦，那份欣喜不仅来自于外貌的自信，更深化为内在的踏实感。而读着淑慧的书，我也深深感受到同样的美好与悸动，拥有亮丽又实用的家，就像穿上一件合身又优雅的衣服，能让心情愉悦，更让生活充满动力。

　　淑慧以女性细腻的观察力贴近屋主的需求，她的设计除了实用、功能、美感、风格，也不时为使用者创造意外的惊喜，尤其是从无到有，从现有格局中变出新空间，格局没有变大，收纳空间更多了，视觉效果更美了。那份为使用者设身着想、量身打造的贴心，或许就是淑慧能打动屋主的神奇魔法吧！

　　读这本书最大的乐趣在于一边读，一边审视自己：我有哪些需要收纳的物品？我的收纳习惯适合目前的生活模式吗？现在的收纳空间可以应付未来五到十年的人生阶段吗？我也有过度收纳的迷思吗？同时，一面欣赏淑慧运用材质与层次创造出的空间视觉效果，不盲目追随风格而是灵活运用材质、线条，聪明地装点设计感。原来，收纳柜不是只要多或大就好，还能发挥意想不到的功能，玩得如此精彩！

　　无论是爱美的女人，有品位的男人，请不要错过这本宝典。淑慧的智慧不仅能让您亲手设计独一无二的收纳柜，更能让您的生活物品都找到舒适的归处，不再担心衣服太多、鞋子太乱，或是厨具太杂，只要掌握"游式收纳"的几项原则，加上对的收纳柜，就能住得方便、住得优雅，不只轻松收纳，更有藏有露，将收纳延伸为生活品位的展示，让家真正成为收藏温暖记忆的地方。

祁雅丽

自序

功能是定位，收纳是归位

"家"是动词不是名词，建构"家"的空间要充满着功能性

　　"家"是我们心灵的归属，能自由自在放松解压的地方，也是成长中记忆的收藏处。"家"是动词不是名词，"家"是有温度的，因此建构家的空间要有功能性、简便性、协调性，这样才能让我们在空间中享受生活的惬意。

　　在这个空间中，我们经历了孩子的成长过程，从年轻步入中年，生活累积出的欢乐回忆，也同样累积出更多的物品，衣服、书籍、纪念品、杂物……如何将不断增加的物品妥善整理置放或丢弃，功能、动线和收纳成为空间规划设计中的重点。

功能与收纳是家的内涵，"一体二面"缺一不可

　　不同空间的风格设计就像是一个人的外表，可以选择不同的发型、衣服的色彩及款式来装点自己，而家的功能与收纳则是人的内涵，"一体二面"缺一不可。若说功能是定位，那收纳就是归位，两者有着密不可分的关系，家中物品要井然有序，原则就是分类、定位、随手整理、定期整理、捐赠或丢弃。

　　空间设计中最重要的是动线规划，再就是柜体设计，柜体的外部造型、内部分割和收纳方式都是设计的重点，柜体的样式设计决定了内部空间规划的大小与风格，一个好的柜体设计应该是历久弥新、久看不腻且经得起时间考验的。

屋主第一个考虑的事项，应该是占居家空间 70% 的柜体设计

　　柜体的设计关系到空间与材质的变化还有色彩与家具的搭配，我们总希望将杂志中看到的每一个美丽的设计柜套用在自己家中，装修时直接跟设计师说："这里要做一个这样的柜子，而那里要放这个东西。"每个柜体设计看起来都很漂亮，但如果没

有将功能性与协调性一同纳入考虑，并且放在同一空间摆放，就会造成视觉上的混乱，但这绝不是混搭而是乱搭！

　　除了柜体本身的样式设计，也要考虑与天花板和地板衔接面存在的搭配关系。空间是立体的，在我们的视觉范围中不可能只看到一个面，所以面与面的协调性很重要，除了柜子还需搭配灯具、窗帘等，不然一不小心就会让视觉感到压力。装修的柜体材质选择须谨慎，柜子选用单一木皮材料虽不会失败却会比较单调；选择 2 ~ 3 种木皮搭配会显得活泼，但最好请设计师协助；而跳色搭配的柜体则需量身订制，这样的柜子保有自己的风格，但这样的柜体造价偏高。

美丽的设计柜，献给希望让生活变得更美好的你

　　当你看到美丽的柜子，你是否思考过它是如何施工并制作出来的？柜子、框架和门扇为什么要这样搭配？入柱和盖柱又有什么不同？许多细节将在本书中以剖、立面施工图的形式完整呈现，同样的柜体因不同的木皮搭配及空间色彩不同就会产生不同的风格。书中也收录了许多经典设计案例，每个柜子的外观都独具特色，内部功能收纳也都是合乎空间需求的。

　　本书是结合柜体设计及收纳元素的工具书。我从事设计 20 多年了，总觉得高昂的室内设计费使得这份工作像是专属于有钱人的服务，而我希望这工作能让所有人享受到好的设计。书中的剖、立面图可以给喜欢设计柜体的朋友作为借鉴和尝试制作，同样可以依图请师傅帮你加工，也可让初入这行业的学生去学习如何绘制施工图，此外我也想将本书献给希望让生活更美好的你！

游淑慧

※ 本书图中所有无单位的数据，单位皆为厘米。

目 录
CONTENTS

第一部分
柜与箱，满足"一直买"的收纳精神
——游式收纳论点

第二部分
家的橱柜，各有各的任务，
所以收纳设计是不同的

第三部分
设计橱柜前，你该知道的事

第四部分

现在就请师傅来施工吧!

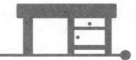

第五部分

设计橱柜常用五金配件

第一部分

柜与箱，满足"一直买"的收纳精神——游式收纳论点

无论买多少东西都能好好收纳的方法是什么呢?

无论房屋面积多大都有适合的收纳方式

"收纳"其实是简单而有系统地整理工作,是体现生活方式的一种习惯。好的收纳方式会让家看起来更整洁,让生活更便利,即使物品再多也不用害怕乱丢甚至找不到。那么,在进行收纳之前,你首先应该这样思考:

1. 依据自己的生活习惯选择收纳的方式。
2. 寻找适合的箱柜容纳物品。
3. 决定箱柜摆放的位置。

一般 130 平方米以下的小空间并没有储物间的设计,分区收纳能提高寻找物品的效率;130 平方米以上的大空间即使有储物间,也应该做好分区收纳,当居住人口变多时,若没有做好分区收纳,就会产生"柜子总是不够用"的窘境。

假设一对夫妻住在 130 平方米左右的空间,先生有自己的书房,太太有自己的更衣室,其余可分配的面积中就能设计专门储物间用来作为大件物品的收纳。同样的 130 平方米空间若三代同堂六个人住,因为年龄层不同所以生活习惯也不一样,按人口分配至少需要规划房间分为 4 间,因此其余共享区域的使用空间则相对变小。

以最简单的卫生间为例,一般主卫都在主卧室供父母使用,次卫则留给其他四人使用,家中成员的年纪不一相对的使用习惯就会不同,没有将物品放回原位就会造成下一个使用者的不方便,容易引起不必要的争执,因此,"收纳的位置是否顺手"以及"家庭成员的生活习惯"才是能让空间收纳创造最大生活价值的主要原因。

▲ 你在哪里剪指甲?指甲剪不一定放在卧室里,物品依照分区的使用习惯收纳才正确。

柜子多不等于收纳功能令人满意

　　家庭成员需要养成共同的收纳习惯，若是从小培养务实的收纳观念，生活也会更有效率。有些人误认为柜子多就能将收纳做得好，对于这些人要战胜的是"收纳空间不足恐惧症"，因为一股脑地将没有分类的物品塞进柜中，只会让自己更难找到东西，并且制造出更多的混乱与不必要的争执。

> 收纳的重点：**收纳是一种生活习惯。**

◀ 还有出门前容易忘记带的钥匙，放在家门口的玄关柜上就不会忘记了！

人口少屋内就有多出来的空间可设置储藏室，两个人的东西都可以收在这。

空间	人口	分区收纳	集中收纳
例 130 平方米	2 人小家庭	✓	✓
	6 人大家庭	✓	✕

人口多的话，每人的生活习惯都不同。将自己的东西收好在个人专属区域内才能保持环境整洁。

柜型千百种，
收纳方式又有什么不同？

 巧思创造设计柜——依据收纳习惯设计

柜子在我们日常生活中担当重要的收纳角色，依照摆放的位置不同，用法也不尽相同。简单来说，柜体的高度可粗略分为高、中、矮三种柜型。高度分区一般是：高柜180～240厘米、中高柜70～150厘米、矮柜25～50厘米。另一种则是依照柜型分为"开放式柜体""不开放式柜体"和"部分开放式柜体"共三类。以下我们以家中常见的格局分为玄关、客厅、书房、厨房／餐厅、卧室、浴室共六个分区来剖析家中各区域的收纳柜设计的重点。

1 玄关

鞋柜设计又以"门扇式高柜""不开放式"和"活动层板"收纳为主。活动层板的设计，方便收纳高度不一或体积较大的鞋款，如：舞台鞋、较厚的雪地靴和长筒靴等。

2 客厅

以"全开放式""部分展示加部分封闭收纳"两种为主。若是主人喜欢"全开放式展示柜"，代表此人收藏品众多，且希望能陈列出供人欣赏。另一种"部分展示部分封闭收纳柜"，视觉范围设计在80～180厘米的高度为展示空间，180厘米高处规划为门扇式收纳，80厘米以下的柜子为抽屉收纳。

3 书房

书柜也是"全部开放""部分开放部分封闭收纳"这两种。全部开放的书柜大都是藏书丰富，使用开放式层板柜，展示空间较充裕，缺点是需要常常清理否则容易沾染灰尘。大部分家庭都是选用部分开放为主，书柜上方门扇收纳在200厘米以上为宜、中间开放在70～90厘米到180～200厘米较多，以70～90厘米以下做成抽屉收纳，用以收纳文具用品或杂物。

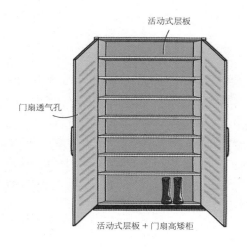

活动式层板

门扇透气孔

活动式层板 + 门扇高矮柜

▲ 鞋柜内以层板收纳即可一目了然, 方便拿取整理; 活动式层板可以因鞋子来调整高度, 增加收纳的便利性。

收纳层板

层板厚 4 厘米

抽屉

▲ 层板厚度需在 4 厘米以上承重力才够用。可依照物品的体积大小和贵重程度来摆放, 最上层放容易破碎的瓷器, 中层门板可摆放马克杯等中小型物品, 最下层可收纳需要经常补充的备品。

身高 160 厘米

▲ 最上层是收纳柜, 中层可以使用活动层板, 可摆放无法一次性看完的小说, 也方便经常拿取。下层建议收纳小孩的厚重教科书或是用篮子装的玩具。

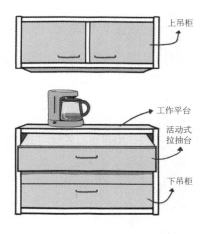

上吊柜

工作平台

活动式拉抽台

下吊柜

▲ 餐具柜上层通常摆放可久放的食材备品居多, 最下层可摆放刀具和锅具方便拿取。

4 厨房 / 餐厅

在过去的家庭中，餐厅一般都以酒柜为主，但随着现代生活习惯的改变，橱柜的功能性变得更为多元，也成为生活中收纳不可或缺的一环。现代的橱柜有时也要兼有电器柜的功能或工作台的功能（放咖啡机或饮水机）。橱柜大都是上吊柜与下柜的结合，中间留台面高约 60 厘米方便随手放东西，下柜约高 95 厘米以收纳为主，开门方式则抽屉或门扇不一，上柜高 160 ~ 170 厘米起至 240 厘米，上柜不一定是收纳空间有时也会规划成展示柜使用。

5 卧室

以"不开放式收纳"为主，挂衣杆是基本配备，更衣室不涵盖其中。我个人觉得上部分挂吊衣杆下面部分做成抽屉收纳会比层板收纳好用许多，原因是层板高度在 160 厘米以上，就会因视线问题变得不好使用，因此建议上方加设吊衣杆。吊衣杆的高度需要考虑屋主的身高再设定，一般是在 190 ~ 205 厘米之间，以使用方便为主，下方则为抽屉收纳贴身衣物等，但有一段距离需保留挂长大衣使用，其需 130 ~ 150 厘米的空间，可将挂衣杆高度设在 180 厘米左右，上方是多储物空间，下方约 45 厘米的空间可规划放皮包的抽屉。

6 浴室

随着科技进步和新式建材的使用，越来越多人将浴室设计成干湿分离的样式，暖风机也成为家庭必备电器。浴柜、面盆下柜须注意最好做成悬吊式，离地面高度约 20 厘米，用以避免清洗地面时喷湿柜体。通常浴柜的上方以门扇式收纳，下柜以抽屉收纳，面盆下柜则设计大抽屉可以收纳浴室清洁用品。不论是浴柜和面盆下柜须留透气孔避免浴室湿气造成发霉。镜面柜在面盆上方高度 125 ~ 130 厘米到 200 ~ 210 厘米之间、深度应约在 15 厘米，可当成化妆柜也可以当成浴室用品收纳柜。

▲ 挂衣杆的高度除了要考虑屋主的身高，还要考虑衣服挂起时的高度会不会不够高而让衣服下摆产生褶皱，以免看起来凌乱。

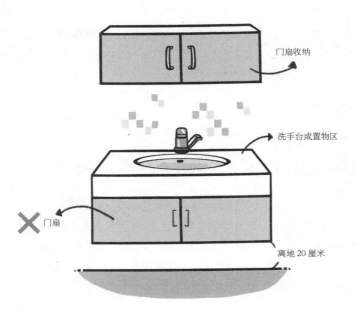

▲ 浴柜下方做成拉抽式会比门扇好用。

柜子的收纳设计
与生活息息相关

 柜子的收纳设计——决定物品取用方便程度！

"门扇""拉门"和"抽屉"，是按照柜子放置的空间方位的不同而采用的不同方式，通常是因居住空间中的运动空间不够使用的时候才会选择拉门，用以节省开门时所需的空间。

"门扇"是最常使用的，造价也比拉门便宜些，故障率较低。

过去的高柜子经常可见到门扇式设计，高柜子最高可以达到235厘米左右。因此除了衣柜外我建议将高柜子分为两部分：80～100厘米以下半部分规划成抽屉，拉开就能清楚看见抽屉内的收纳品，抽屉又分为浅抽屉及深抽屉两种交替使用；浅抽屉高度应在20厘米以内，位于柜体上层收纳日常用品，下层的深抽屉高度应在35厘米以上，80～100厘米到235厘米处则使用门扇，柜内则用活动层板以便于收纳。

抽屉的使用也较为常见，因为拿取收放都很方便。我建议在柜体最下方可以设计约45厘米高的深抽屉，宽度可为80～90厘米，深度够的话有利于放置较多的生活用品。因为现在的五金质量都很好，在正常承重上都不会有问题。值得一提的是，柜体下层使用层板用作收纳在过去很常见，不过必须蹲下来翻找物品较不方便。

 深抽屉与浅抽屉？看你要收纳的物品体积大小！

无论是深抽屉还是浅抽屉，这里所要解释的是抽屉的高度。依据收纳物品的体积来判定其是否方便且实用，如果今天把剪刀铅笔等小文具塞进高40厘米的深抽屉，对于你来说深抽屉就比不上浅抽屉更方便和实用。抽屉又分为深抽屉、一般抽屉和浅抽屉，深16厘米以内为浅抽屉，从正面看面高16厘米的抽屉内可放置物品深度只有7～8厘米，而16～25厘米的为一般抽屉，30～45厘米就为深抽屉，抽屉的面高会跟柜面的设计比例有关，有时设计师会因美感而作调整比例。

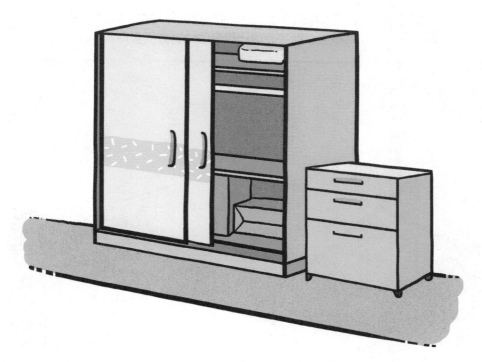

▲ 一般是走道空间不够为了节省空间采用的拉门式柜体。

早期衣柜深度约在 90 厘米，但是内部层板却在约 70 厘米处，是为了方便在放置衣物以外还能收纳可折叠的床垫。深度超过 80 厘米以上的层板柜在收纳物品时，会发现柜子太深反而不好取物。

> **收纳的重点：抽屉收纳比门扇收纳更方便实用。**

1 | 2

1 深度约 12 厘米以内的浅抽屉，适合收纳体积较小、扁平的物品，如刀叉餐具、化妆品、文具等，使用小型方格收纳盒看起来整齐有序。
2 高度 30 ~ 45 厘米的深柜，通常作为收纳柜使用，以摆放锅具、厨房用品、清洁剂等较高的物品或是叠放换季衣物为主。

活用技巧

UTILIZE SKILLS
NO. **4**

物品的形态不同，
如何提高收纳的效率？

 ## 收纳的相对论——物品与柜体高度之间的关系

"收纳技巧不在柜子多，而在于因物制宜。"一言以蔽之，即使柜子再多，若没有适合收纳品的体积和高度的收纳位置，永远都会觉得柜子不够用。多数人其实受限于手中的预算，所以希望能达到"一柜多用"的收纳目的。物品一多很容易看起来杂乱，这时应该依照物品体积大小和柜体高度选择收纳方式才能提高柜子的利用率。

 ## 易碎品最好摆在不易碰撞到的高处作展示

※ 大型物件：

物体高度在45厘米以上的瓷器、花瓶、雕塑、人偶、水晶等昂贵的易碎品，最好放置在160厘米以上的高处，以避免客人拿取及小孩碰触毁坏。若是较重的木雕品、不易破损的器皿或铜雕，可放在柜子最下方当展示，打上灯光，还会有艺廊的氛围。

通常位于柜子下方45厘米与上方180厘米的地方是平时使用时拿取不方便的地区，但却是最佳的收纳空间！有些地方地震频繁，若是担心物品放置高处会不安全，可以另加上玻璃门片防震安全扣，用以保护珍贵的收藏品。

▲ 容易摔破的古董放在玻璃门扇的柜子里，门扇加装安全扣就可以安心。蕴藏主人个性的铜器收藏品放在一进门与视线平行的高处，最能引起客人的注意和称赞。

1	2
3	4
5	

1 【层次摆放法 1】中型、较高物件摆放在后，小型、较低物件摆放在前，是最常见的展示摆放法。

2 【层次摆放法 2】将色调相同、材质相异的对象摆在一块，也能营造视觉层次感。

3 【层次摆放法 3】也可以利用较高的物品撑起想要特别强调的展示品（明信片、照片等）。

4 【层次摆放法 4】将小型物品摆在中型物品之后，并且只露出 30% 的面积，掌握物品展示若隐若现的美感。

5 总是挂在墙上的画框和画作何不考虑摆在家中的角落当展示呢？营造惊喜的视觉还可以遮掉丑丑的插头！

 ## 收纳的关联性——物品使用次数与柜体高度之间的关系

1 厨房电器柜：

我通常会在厨房规划出电器柜的专属位置，电器柜的设计牵涉到电器的大小和使用习惯，而厨房电器必然不会经常地移动所放置的位置，所以柜体柜体的表面高度和电器的高度都必须纳入考虑，通常我会设定柜体柜体的表面高度 50 ~ 55 厘米、高度 235 ~ 240 厘米为标准，柜体的收纳位置有以下几个重点：

1️⃣ 柜高 165 厘米以上：门扇式收纳柜，摆放厨房不常用的器具或炉具。

2️⃣ 柜高 120 ~ 165 厘米处：规划成开放式层板，放置常用的厨房用品。

3️⃣ 柜高 75 ~ 120 厘米处：将摆放烤箱、微波炉，下方多设置一个拉板台，用以方便烤熟物品的取出。

4️⃣ 柜高 35 ~ 70 厘米处：规划抽板台放置电饭锅。方便煮饭时将抽板台拉出，以免蒸气滞留在柜内。

5️⃣ 柜高 35 厘米以下：一两个收纳式深抽屉，摆放其他锅具。

PS ➲ 若柜体空间不大，可将微波炉放在 120 厘米的高度。

2 书柜：

杂志高度约为 35 厘米，一般图书高度在 25 ~ 28 厘米，绘本高度在 25 ~ 40 厘米不等，依据书籍类型的收纳有以下几个方法：

1️⃣ 摄影集、杂志：封面视觉强烈的书籍可摆在柜高 160 厘米以上的地方做展示。

2️⃣ 一般图书、小说：摆在柜高 50 ~ 160 厘米的地方，方便随时翻阅。

3️⃣ 辞海、年鉴：较重的书籍摆在柜高 50 厘米以下的地方。

4️⃣ 绘本、童书：摆在柜高 50 厘米以下的地方。孩子习惯席地而坐读书，身高也有限制，所以应放在书柜较低处。

3 卫浴柜：

若是抽屉式浴柜下方通常摆放吹风机、踏垫、卫生纸和清洁用品或规划成洗衣篮。若是高的卫浴柜，下方收纳不变，上方在容易拿取的地方收纳替换的毛巾和浴巾，在上方的位置可收纳放置多余的卫浴用品。

PS ➲ 放置替换毛巾的收纳柜中一定要有透气孔。

4 衣柜：

衣柜里的收纳规划也可以分成上、中、下三区，最上层的 210 ~ 235 厘米高的层板是放置换季的衣物，中层 190 ~ 205 厘米为吊杆区挂放当季常使用的衣物，90 ~ 100 厘米的最下层则是抽屉用来收纳小件贴身衣物。

衣柜的收纳功能需要柜高和柜深相结合，柜高取决于柜体内可以收纳的衣物种类，当柜子高度足够，收纳可以规划的空间就会变多；柜深则与衣物吊挂起来需要的空间相关，当柜深足够，挂衣物时就不会局限于衣服的大小让空间变得凌乱不堪。

　　一般来说，门扇衣柜的深度需做到 60 厘米，拉门衣柜的深度需做到 68 ～ 70 厘米，开放式吊挂衣柜（无门扇）的深度在 55 厘米左右，通常在衣柜最上层 210 厘米以上设置一个层板用来收纳换季的衣物或棉被，建议层板高度在 30 ～ 35 厘米才能方便使用。

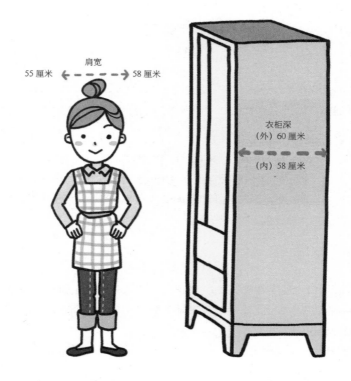

▲ 衣柜深度依据人体肩宽而定，若是柜深不够，吊挂的衣物就会皱在一起。

收纳的重点：依据物品条件选择适当的空间，才是最有效率的收纳做法。

活用技巧

NO. 5

"分区收纳" "集中收纳" 的整理重点分别是什么?

 ## 因地制宜选择分区和集中收纳

很多主妇希望家中有一个独立储藏室，觉得能够大量收纳物品，并且更有效率。但是时间一久，你的储藏室就成了小型"垃圾场"。因为储物室里若没有层架设计，我们很容易一股脑地将东西都堆放在里面。如果要找东西，就要花一番功夫东翻西找才会在堆成小山的"垃圾"中找到。

于是，大家开始问到底是分区收纳（橱柜）好还是集中收纳（储藏室）好呢？仅仅对比"分区收纳"和"集中收纳"，也不能明确地比较出优劣，唯有因地制宜去选择才能发挥最大的收纳效果。

 ## "不用记忆"的分区收纳

"分区收纳"就是按照物品使用的范围，以及使用者的生活习惯来决定摆放的位置。物品处于拿取方便的位置就能称得上是顺手的好位置，用完东西后还能立即归位。举个例子来说：鞋拔或鞋具等穿鞋用品，放在鞋柜里才是用起来最顺手的。

◀ 梳妆台上你会放些什么？口红、粉饼、眼线笔、护肤保养品……想得到的都放上去吧，这样使用时才方便，但是怎么看起来好乱？

▼ 借助收纳箱的帮忙将口红依照颜色分类，保养品依照使用顺序或是相同品牌来摆放，看起来是不是更清爽了呢？

药品或保健食品则应该放在靠近饮水机的地方，只要喝水就会联想到吃药。而护手霜、锉刀、指甲油等美甲用品放在梳妆台上或自己习惯使用的地方利于拿取。当物品依照个性选择摆放位置，就可节省找寻物品的时间，也不会因为找不到而进入重复购买的恶性循环，更不会因为经过满屋寻找后依然找不到而破坏自己的心情。

 ## 架子分层分类让集中收纳更有效率

"集中收纳"是最方便的方式，不过前提是该空间需要以层板分类摆放才不会显得凌乱。在储物间的层板设计上我们应该注意，最上方可放置较轻的物品如卫生纸、厨房纸巾等。120厘米以下空间可以不做层板设计，方便摆放大件物品如行李箱、高尔夫球具、电扇、电热器及除湿机、过季衣物或是很久才会使用一次的清扫用具等。

储物间的层板最好能将深度设计到 50 ～ 60 厘米以上才会较方便收纳，如果只是做书架深度应为 35 ～ 40 厘米就够用了。切忌不要贪心做得过深以免影响取用。我通常会建议屋主依据收纳物品的体积决定层板设计的深度，才是最不会失败的设计。

> **收纳的重点：收纳"三要"口诀——不用找、随手拿、及时放回。**

◀ "集中收纳"的柜子内如果没有做出层板规划，很容易落入物品随意堆叠的下场，人们通常会误以为柜子空间还很宽敞开始乱丢物品收纳，柜内的空间很容易被浪费。快使用箱篮分类收纳，找东西更方便。

层板展示法
有哪些布置技巧呢？

 ## 展示也是收纳的一部分

展示也是柜子本身很重要的一个功能。除了有些人喜欢门扇和抽屉等完全隐藏式的收纳风格以外，大部分人还是更喜欢局部开放式层架、玻璃门扇等视觉穿透的收纳设计，这样自己喜欢的物品可以一目了然地呈现出来。这样设计的优点是拿取方便，并且也有装饰的效果。

如屋主有大量引以为傲的类似古董餐盘的藏品，或一整柜大小颜色各不相同的机器人公仔收藏等，视觉上看起来会十分过瘾；少量的如电视柜上摆放了书籍之余塞入的相框等，这些都是属于展示的一部分。究竟，哪些东西需要隐藏收纳，哪些东西适合摆放展示，展示分配的比例又该怎样分呢？

 ## 物品排排站或是交错摆放，哪一种比较好？

一般而言，会选择展示出来的都是屋主最喜欢的、最有纪念价值的或是最有装饰性的物品。展示是属于比较占空间的摆放方式，你需要先思考现有的柜子够不够展示这些藏品。除去柜子本身的收纳条件，设计师一般会建议展示的比例可占柜体的 40% ~ 50%，将物品摆放在柜体上段或中段，这样整体看起来就会比较稳重。

有些人喜欢将相同的收藏品放在同一平面空间集中展示。例如，有些展示柜全部是公仔、瓷器、马可杯或绒毛娃娃，这样的展示其实压迫感很重，我喜欢 3：3：4 或 5：3：2 的

▲ 将娃娃放在马克杯上当作基台，也是一种可爱的展示法。

▲ 摆放小型的相框或是明信片、摆饰，让书柜看起来不再单调。

▲ 同一形状或是同一颜色的展示法，抓住其中一个重点排列就能看起来很有型。

展示方式。换句话说，你可以选择将 3 个公仔、3 个马克杯、4 个瓷器摆放在同一空间；或是将 5 个公仔、3 个马克杯、2 个瓷器摆放在一起。同样的物品可占柜体平面比例最多至 40% ~ 50%，并将其他品项分散陈列在其他的柜子，这样的收纳方式可以融入生活中各个角落。

放在展示柜中的收藏品不一定都需要排排站，若是交错摆放也能制造另一种具有不同层次的美感，让客人看到每个柜子都有惊喜，不仅活跃了居家的气氛，也让展示的空间在层次上更为丰富多彩。

打破习惯，营造丰富的层次感

在设计书柜时，我总会将深度设计到 35 ~ 45 厘米，当书柜摆上书后，层架前方总是会多出一点空间，这时可用来摆放家庭照片、旅行明信片或是小件的收藏品，让书柜看起来不再单调，也能成为另一种风格的展示柜。另外，摆设可以随着季节与时间做出变动，甚至是节庆饰品的摆放，这些都是能让居家气氛有所差异的各种方法。

▲ "高低层次感"摆放范例
在层板上装饰许多相同材质的相框，这是比较安全的展示法。以相框本身的高低落差产生视觉层次，建议相框内选用对比色彩高的照片效果更好。

▲ "不规则"摆放范例
层架本身就是一个艺术品，只要掌握同性质或是单色调的展示品，看起来就不会太复杂。

> 收纳的重点：**多层次的摆放展示更节省空间。**

活用技巧

UTILIZE
SKILLS
NO. **7**

层板架**的选择技巧**

 选择有加装书挡的书柜

虽然层板书架为现代设计主流，不过缺点是无法根据书本高度的不同而调节层板位置，再加上层板的厚度若不够也容易因承重力较差而导致变形。以横向排列收纳为主的层板书架，若没有加设书挡，虽然整排放置大量书籍的时候很美却很难使用，因为当书侧倒的时候是很难扶正的。

书柜建议采用直、横交错设计，整个书柜可在 45 ～ 60 厘米处隔成立柱，此区放置翻阅频率较高的书籍，立柱与立柱之间采用活动层板设计，这样一来层板只会承受适当重量而不会变形，也免除了书籍东倒西歪的问题。

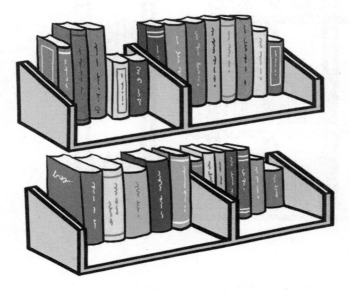

▲ 在层板上加装书挡设计就能固定书籍避免倾斜。

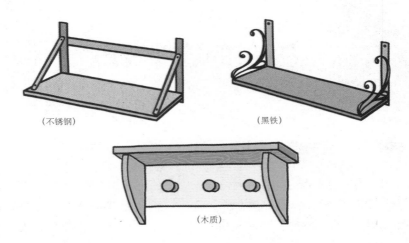

（不锈钢）　　　　　　　　（黑铁）

（木质）

▲ 可使用托架加强层板支撑力，材质又以不锈钢、铁制、木制最常见。

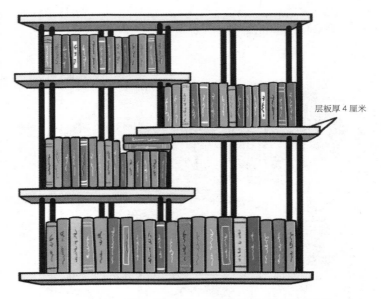

层板厚 4 厘米

▲ 有着立柱交错上下的层板书架会比单纯的层板书架来得更稳固。

收纳的重点：**层板书架可利用立柱当作书挡。**

活用技巧 NO. 8 UTILIZE SKILLS

开放式收纳与地域的选择有关联吗？

 开放式层架收纳能够表现心情状态

家中的展示品与生活情感紧密相连，而人又喜好将好东西拿出来分享，因此我们想将喜爱的物品展示出来分享给亲友们。这些展示品可能是与爱人的合照、某位大师的亲笔签名板、旅行时带回来的手工艺品、朋友寄给你的可爱明信片、某一本封面设计很厉害的外文书或是点缀环境的多肉植栽。一般而言，开放式层架只要整体画面和谐就能成为空间里的另一种风格的设计。

开放式层架收纳的功能性会因空间的不同而有所改变，如：厨房开放式层架摆放调味架，因为我们为了要方便做菜时能顺手使用；窗台前的层板会放小盆栽，因为心爱的花草需要阳光。

另外，开放式层架收纳最怕因为随意摆放而造成的凌乱，久而久之层架上积满的不是"回忆"而是"灰尘"。为了避免开放式层架收纳混乱，我们要先建立起层架上"展示品的主题"这个观念。举例来说：今天计划在卧室架设数个开放式层板，其中一个邻近窗台的层板因为能接收阳光，我们就可以摆放小盆植栽；靠近床头的层板则因为考虑到睡前想要放松心情，可以摆放玩偶和薰衣草香味的熏香机。

 使混合主题展示法看起来不凌乱的小诀窍

另有一种混合主题的展示方式，因为多样化的物品是能够增加视觉的丰富感，但是也会因为摆放的东西太多而容易沦为大杂烩式收纳。这时候我们就可以利用收纳篮分类收纳，将风格或是大小相同的收纳篮摆在一起，层板看起来就会整齐又美观。

▲ 层板的使用方式分为收纳和展示两种性质。若以"同一种个性"做物品展示的话，就能营造风格统一感，通常也会在百货公司等的商品展示架上看到。

▲ 层板收纳常见于厨房、书房、浴室当中，摆放时需注意物品与物品之间不要相距太近，以免视觉上看起来拥挤。建议下层摆放经常使用的物品，并且避免易碎物品摆放在高层。

▲ 层板展示通常在客厅、餐厅、卧室里,展示品除了要展现屋主的个性之外,最好以融入居家风
　格为前提发挥创意。(建议层板的深度不超过 20 厘米,高度在 125 ~ 130 厘米)

▲ 如图示的层板设计虽然美观但较不理想,容易撞到发生意外。

　　收纳的重点:**明确展示品的"收纳主题",就能避免层架上看起来凌乱。**

▲ 面积较大的餐桌空间,若墙壁挂上大型画作就能突显用餐区的风格大气。

设计师教你懂

不是什么空间位置都能使用开放式层架收纳

对于喜爱分享展示品的你,以上的层架收纳法应该深得你心,不过要特别注意的是,开放式收纳也有地区性的选择,例如:有些地方风大尘多,层架上的展示品容易因风沙染上一层灰,擦拭清扫的频率相对也会多了一些。

活用技巧

UTILIZE SKILLS
NO. 9

教教我们
密闭式收纳的重点吧

 ## 密闭式收纳的真功夫——分类收纳

"为了让视觉上看起来比较干净清爽，渐渐地开始将家中物品收在柜子里面，但总觉得家中少了一点温暖的感觉……"其实密闭式收纳的标准并不是为了"收起来看不见"，关起柜子门后的整理功夫才是做好收纳的关键。

柜子内部的空间应该做到的是分类收纳。试想，我们会选择将不同款式的袜子收纳在同一区，因为这样更方便挑选袜子；但我们不会将袜子与内衣裤放在同一区，因为当我们需要找内衣裤时可能会发现时间一久就会乱成一团。

密闭式收纳其实更适合作为办公室收纳，整齐干净的空间在视觉上能营造沉稳的感觉，同时也能帮助我们在工作时更快地切换心情，工作时进入状态。在家中，我们大都想将喜爱的物品展示出来，无论是爱人送的礼物、与家人的合照或是旅行时带回的纪念品，处在被喜爱的物品包围的空间中，我们会觉得很放松，所以在家庭中一般不都以密闭式收纳为主。

关起柜门也能清楚物品摆在哪儿的方法

你是否曾发生这样的事，一打开橱柜，因为物品都放在收纳箱中反而忘记放在哪儿了。虽然是做到了"分类收纳"，不过因为物品都收在盒子里反而无法马上看见……为了对应这种情况，除了直接在盒子外写上物品名称，我们还可以使用拍照的方法拍下内装物后再将照片贴在盒外，这样就能减少寻找物品的时间。

▲ 如果没有拍立得相机也没关系，利用手机拍照打印照片出来也能达到同样的结果。

▲ 密闭式柜内最好能以收纳篮分装物品,利用收纳篮清楚
分划出可用的空间,找东西时更有效率。购买重点是选
择可以叠放的设计,才不会因为拉抽动作又将下层的收
纳篮给拖了出来。

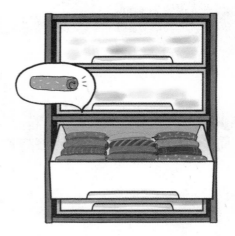

▲ 收纳篮若是篮身较浅,衣服可以折成卷筒状
以争取更多的收纳空间。若抽屉深度大于 15
厘米,建议使用直立式卷筒状收纳。

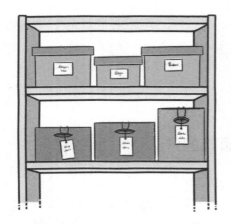

▲ 无法从外观看出内容物的收纳篮则适合用来收纳换季衣
物,或是使用频率较低的物品。为了避免找不到东西收
在哪里,可以在收纳篮外绑上标签纸注明物品名称。

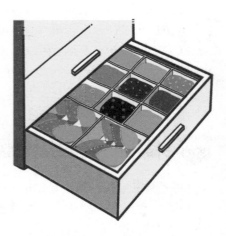

▲ 格状收纳篮用来收纳内衣裤和袜子,较适合
衣柜内的浅层抽屉使用。

収纳的重点:多层次摆放展示也能节省空间,看不见不等于好的收纳。

活用技巧

UTILIZE
SKILLS

NO. **10**

如何利用市面上的
塑料箱(盒)做好收纳?

 ## 挑对好箱,就能让收纳更顺心

收纳箱可说是生活好帮手,市面上常见的收纳箱分为塑料箱、纸箱、皮革箱、藤篮、有盖木箱或无盖木箱。名之为 "箱" 则是用来收纳大量物品使用,挑选的标准在于先思考箱子要摆放的地方,再决定收纳箱购买的尺寸。例如准备放在高处购买中型收纳箱就够了,因为箱子装满东西之后要搬上去可能会造成危险。此外,也不宜选择较重材料的箱子。

 ## 小巧整理盒,收纳立大功

日常生活中最常见的应属小型整理盒了,用途广又不占空间。小至贴身衣物、袜子 、围巾、皮带、化妆品、文具或桌巾,大至碗盘分类都可以利用,收纳的重点在于同性质的物品放在一起看起来较整齐。内衣等小物可买现成的分隔栏直接放在抽屉内使用。首饰、耳环可找专属的小物收纳盒,放在抽屉内方便找寻及整理。

▲ 附盖子的中型收纳箱,不仅防尘、防
　水,更适合摆放在柜子当中。

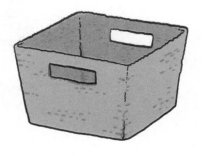

▲ 同属重量较轻的藤篮收纳箱,一般作
　为回收待洗衣物使用,清洁保养方
　便、质朴自然的风格深得大众喜爱。

▲ 聚丙烯收纳箱是最普遍、最便宜的款式,选择抽屉式的方便拿取。

▲ 适合摆在桌上当作分区收纳使用的小型整理盒,半雾面的设计还能够隐约看
　见收纳品,找文具更方便。不过材质较轻,在抽取时容易滑动,建议可在桌
　面摆上防滑垫加强固定。

收纳的重点:收纳的习惯需从小培养,即及时归位、正确收放。

活用技巧

UTILIZE SKILLS NO. 11

衣柜内的挂、折收纳有什么特别的技巧呢？

 依照布料轻薄分别挂与折的收纳

"你发现你的衣柜乱得吓人，充满了没折好的上衣和裤子，袜子也越堆越高，每天出门前在衣柜前花上 30 分钟以上寻找今天想穿的衣服，最后还不见得找得到你想穿的那一件。"这样的情况相信许多人都不陌生。以衣物收纳而言，吊衣杆上的衣服属于布料较不易变形的布料，也是我们平日最常拿来穿的衣物。收在衣柜的抽屉内的可能是因吊挂易产生挂痕的衣物。针对衣柜内挂与折的收纳方法有以下准则：

1. 寻找折叠衣物时，在翻找过程中也会弄乱旁边衣物，建议将能够吊挂收纳的衣物全挂上，除非空间不够时才使用折叠收纳。

2. 通常吊挂收纳不易变形的棉麻、聚酯纤维、雪纺等材质的衣物。

3. 折叠式收纳可以节省空间，通常使用圆筒折法收纳贴身衣裤、卫生衣；羊毛衫、兔毛针织和毛呢等厚衣使用折叠法收纳。

4. 衣柜内的抽屉设计高度20～25厘米最实用，最下层的深抽屉设计高度约45厘米才能够收纳厚重衣物和暂时不用的包包。

▲ 衣柜内的挂折收纳法
若以衣柜分成上、中、下三部分来看的话，使用频率最高的衣物应该收纳在"以最顺手的姿势就能拿取"的位置，因此我们不需蹲下或垫高就能拿到东西。较轻的物品放在最上层方便拿取；最重的物品应放在最下层，减轻手滑物品掉落时发生的危险。

门板内外是你还能利用的收纳空间

　　挂钩式收纳常见于衣柜门内、房间门后以及墙壁上，充分利用空间做出挂钩，可放置帽子、皮带和领带等小物件，最好是挂上经常使用的配件较为恰当。

▲ 门板的挂吊收纳法
在衣柜门板挂上收
纳袋就能增加许多
收纳空间。

▲ 门板上加装吊钩收
纳领带，会比格状
收纳来得更方便。
（吊钩高度建议在
180 厘米，单门片
的吊钩建议在 170
厘米。）

设计师教你懂————————————————————

收纳从整理
后开始

　　"断、舍、离"：断绝不需要的东西，舍弃多余的废物，脱离对物品的执着。用不到的东西尽量"断、舍、离"，放弃"也许哪天可能会用到"的想法，因为收纳用不到的东西只能是徒占空间，唯有定期整理清除，只留下需要的衣物或用品，才有助于提升空间使用效益。

活用技巧

UTILIZE
SKILLS

NO. **12**

请设计师做柜子时，是以目前的物品收纳量为基础，还是多预留一些空间以备未来所用呢？

 依照使用者规划思考未来使用的可能性

　　规划空间使用时，正常的房子使用年限在 10 ~ 15 年间会再进行一次整理或更换，所有的柜型收纳计划都必须考虑屋主在这 10 ~ 15 年间居住时可能会用到的收纳空间，因此设计师一定要多预留柜型收纳的空间，尤其是鞋柜、餐具柜、衣柜或书柜，一定要将可用的空间做满；因为一旦施工完成，未来有需要时却无法再增加收纳空间就可惜了。

　　屋中有些地方我会保留空间让屋主在未来自行购买收纳柜时有一些弹性，如：原本预留给小孩使用的卧房可在幼儿阶段时充当游戏间，这时候就不必急着将卧房的柜体做满，等小孩到了学龄期再来采买书桌、系统柜来布置房间会更恰当。

　　家中有银发老人，我会建议房间内的衣柜、书柜都是活动式家具，因为当父母年纪大时因病需坐轮椅或聘请看护时，活动空间大一些才方便父母上下床或是放置其他医护器具，活动式的家具才方便搬动。

> **收纳的重点：** 有时现成的整体柜不是最适合使用的，但它能随意移动和变换形态也是优点。

身高100厘米

▲ 儿童用衣柜以多功能为主，可以收纳其他儿童用品。柜体设计要考虑儿童身高，常用的物品摆放在中段层板区拿取方便。另外不要在儿童头部的高度设计抽屉，以免发生碰撞意外。

活用技巧

UTILIZE SKILLS

NO. 13

书中的收纳空间设计
真的都实用吗?

"好设计"也要"好适用"

很多人请设计师规划屋内收纳空间的时候，常常会落入一个迷茫中："我要做很多柜子来收纳很多东西。"但是，你真的了解自己有什么东西必须收纳吗?

室内设计书中美美的图片可以激发我们设计空间的想法，但是好设计必须依据使用者习惯来决定其好用程度，好看的设计并不见得适合每个人使用，而"过度收纳"才是最要不得的行为。下面将分析四种近来常见的空间收纳设计手法:

1 楼梯下

楼梯下的收纳一般都会规划成储物间。随着空间使用习惯的改变，越来越多的人开始善用楼梯下的空间做成储物间。在设计上，楼梯下的柜体空间一般都是高单价的定制柜，对我而言楼梯下的设计变化很多，它可以是门扇式储物间，也可以设计成较深的收纳抽屉柜或是展示层板。

◀ 用楼梯下的空间做成拉门镜柜，柜内摆放客厅使用的备品、门外的全身镜还能充当出门前最后的服装确认使用。

2 楼梯台阶

近来从许多的书籍中不难发现，小面积的房屋会利用楼梯台阶做成抽屉柜来满足收纳，除了需克服楼梯本身做成抽屉柜会因踩踏而变形，工艺的复杂程度是造价偏高的主因。此外，楼梯的高度都在 20 厘米左右，实际可用来收纳的抽屉深度也只有约 12 厘米，其实并不能达到太大的收纳效果。

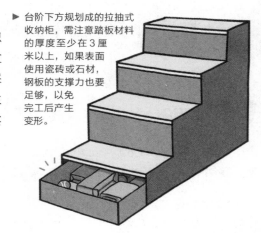

▶ 台阶下方规划成的拉抽式收纳柜，需注意踏板材料的厚度至少在 3 厘米以上，如果表面使用瓷砖或石材，钢板的支撑力也要足够，以免完工后产生变形。

3 地板下

地板下的收纳空间常见于"和室"设计，以榻榻米分布的格状区域或是已经规划好的九宫格地板离地架高 30 ～ 45 厘米，上方再设置掀盖式层板，底下的空间就能作为收纳使用。掀盖式层板通常搭配五金扣合或磁吸式，都需要费一点力气才能掀开层板；为了使地板承重力更佳，通常会选用厚度 3 ～ 5 厘米的层板做成，无形中又增加了掀开层板的难度。收纳柜做太深也是造成取物不便的原因，可能需要趴在地板上才能拿到底下的物品。此外，地板下收纳造价也偏高。

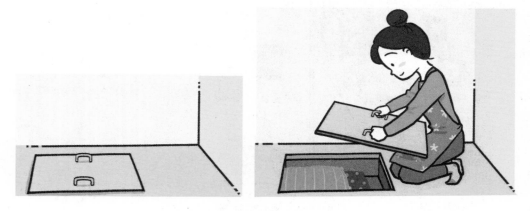

▲ 常见于儿童游戏间使用的地板下收纳，除了木板本身的厚度足够外，掀盖的方式也影响着预算。

◀ 结合了"五金扣合""电动升降杆"两种方式的地板下收纳，下层又做出两个拉抽柜，实际上是只有掀板和拉抽柜能作为收纳空间。

4 天花板

天花板收纳用得并不多，因为天花板不仅高也太隐蔽，东西放上去很容易忘了它的存在，而且若是地震多的地区天花板收纳重物就会非常危险。家中有小孩的家庭也不适合采用此收纳设计，一定要防止小孩爬上楼梯摔下来。

▲ 你可能在外婆家的古屋中看过这种设计，通常天花板上收纳着冬天用的厚棉被，一打开掀板可能还会闻到霉味。较常见于欧美的天花板收纳，必须在挑高屋顶以及楼梯坚固的情况下施作。

收纳的重点：好设计始终来自于实际应用。

第二部分

家的橱柜，各有各的任务，所以收纳设计是不同的

变化多端的玄关区
—— 鞋柜、收纳柜、端景

玄关区的设计标准

玄关区是呈现主人家风格的第一要位，就像一个人的脸，给人的第一印象是很重要的，所以一定要干净、明亮，最好是华丽的，令人有最佳视觉感受，华丽又实用。玄关柜拥有多种收纳功能，因为它需要容纳鞋子、外套、钥匙、袜子、包包、帽子、伞具、婴儿车、轮椅、球具（高尔夫球）等方便外出使用的物品。

每个房子因方位朝向的不同或建筑师规划整体空间配置的考虑，并不是每个房子都有玄关的规划，因此进门可分为"有玄关"和"无玄关"两种，无玄关又可细分为"可加做玄关区"和"不可加做玄关区"两种。

住户家原来若是无玄关的设计，但如果有足够空间则"可加做玄关区"，通常加做玄关的大门需位于住宅结构的四格边框中，以便形成"玄关区"。 若大门位于房间的中央，即开门后直接面对客厅、餐厅或其他空间，就无法加做"玄关区"，若硬要加做玄关只会让空间变得窄小又奇怪。

玄关干净整齐的方法——鞋柜空间和位置

玄关规划最重要的是有放置鞋柜的空间，次要的才是鞋柜的位置。放置的位置会影响收纳效果，不顺手的鞋柜会因懒惰而随意摆放，造成玄关凌乱；正确的位置则能很轻松地找到需要的物品，出门前不再慌张。

鞋柜应放置于大门打开的正前方，若放置于大门的后方会不顺手。有时门口还会增设衣帽架，或是将鞋柜设计为横拉门，原以为拉门可节省空间，但常会因为懒惰或忘记关门，这时如果客人突然来访就会面上无光了。鞋柜采用门扇设计比较好，也一定不会忘记关上。无论鞋柜是否位于方便使用的位置，重要的是培养随手收纳的好习惯，才能让玄关保持整齐。

鞋柜设计指导原则

❶ 离地高20厘米，柜体下方可作为家人外出便鞋或客用拖鞋的放置区，同时也是鞋柜内的换气口；

❷ 规划2～3个抽屉可放置信件、杂物等，最下方抽屉以35～40厘米的高度为最佳，以便摆放室内拖鞋；

❸ 利用鞋柜门扇后面加装挂钩、全身穿衣镜，也可挂雨伞、帽子等；

❹ 规划独立的挂衣空间，不能与鞋放在同一柜内，避免衣服沾染异味。挂衣杆可设在160～180厘米的高度方便拿取，下方也可设计层板或上方空的抽板便于放置皮包、公文包等。

❺ 需预留透气孔。通常在层板下方离地20厘米，也就是柜体最下方嵌入透气孔，于门扇挖洞或装设百叶门扇均可。

无论家里是否有宽敞的玄关，或是家中本身没有玄关但也可以加做玄关，还有无法加做玄关的，只要事先妥善规划，就可以让家人及客人出入方便，生活更惬意自在。以下整理各种玄关的不同规划，提供给读者作为参考：

※ 鞋柜位于大门后方的设计重点

❶ 大门门扇后面的深度最好有40～45厘米（需扣除大门把手的宽度），那就是鞋柜的空间。以深度45厘米为例，扣除鞋柜门板及背板厚度，柜内约有37厘米，柜内层板内移7厘米后，约有30厘米，摆放鞋子刚好。鞋柜层板内移7厘米的话，鞋柜门扇外侧可利用来挂雨伞及帽子，而挂钩的位置在门扇由下往上算起约120厘米处，挂伞的高度就比较充足。

❷ 鞋柜内的深度一般为35～40厘米。若深度为45～60厘米则太深不好使用，深度55厘米以上则可设计为双层鞋柜。

❸ 门扇后若只有35厘米及以内的深度，鞋柜内部空间将只剩20～26厘米。如此鞋子难以平放只能斜放，使用上较不方便，可置放的鞋子数量不多，而且无法做其他物品的收纳。

❹ 鞋柜最下层预留45厘米的高度，可放长靴。鞋柜下层往上45～180厘米中间以活动层板为主，层板与层板间以18～20厘米为一层，层板上下5厘米需预留些钻孔用以调整高度。鞋柜下层往上180～230厘米中间只需隔一片层板，因180厘米以上太高，适合收纳换季的鞋子。

❺ 鞋柜宽度会影响鞋子收纳的数量，如：以柜体的表面高度50厘米规划的鞋柜，放置两双会多出些空间，但三双又放不下。故当家中的鞋柜空间不大时，尺寸都需要斤斤计较，规划前请先测量一下家人的鞋宽，再决定鞋柜的宽度。

1 > 大门后方的鞋柜设计
大门后还有巧思的设计

设计前需计算把手深度，
充当鞋柜的透气孔。

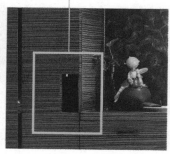

设计师说 DESIGNER SAY
当走道深度不够时所做的巧思设计

　　此案例的屋主知道大门后的深度不太够做鞋柜，以为我会将鞋柜做在开门后的右边，当成餐厅的隔断。但我提出要将鞋柜做在门后方时，她说可能吗？其实如果将鞋柜做到门右方，靠近餐厅的位置，这样做进门动线会变得很挤，而且餐厅会变得狭小不好进出。从整体考虑来说，利用门后做成的鞋柜使用上确实有一些不便，因为必须先进屋关门后才能使用。

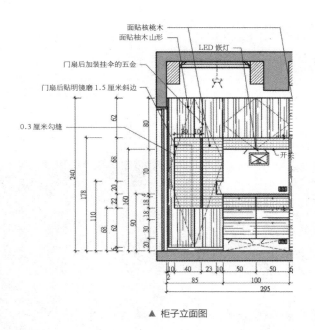

面贴核桃木
面贴柚木山形
LED 嵌灯
门扇后加装挂伞的五金
门扇后贴明镜磨 1.5 厘米斜边
0.3 厘米勾缝
开关

▲ 柜子立面图

CABINET MATERIAL
柚木山形直纹木皮、核桃木皮、壁纸、玻璃、镜子

DESIGN FOCUS
利用门扇设计弥补空间的不足

　　大门后的深度只有约 35 厘米,如要扣除大门把手的深度,鞋柜深度明显不足。 所以设计前,我将大门把手的深度计算在内,利用大门把手的位置当成透气空间,鞋柜整体运用两种不同的木皮搭配,采用相近色系相互对称且又不对称的搭配。

　　玄关柜是上吊柜与半高柜悬吊离地高约 20 厘米的组合。一般情况下,我是在鞋柜下方做离地设计,但因他们的鞋柜在门后方,离地的设计在这里并不是最好的方法。因此,我将客人鞋子放置区放在玄关柜下方,这样才能较方便地使用。玄关柜同样是双色配搭的,中间底面贴上壁纸,让空间更有层次感,柜体下方设计间接照明,平时不需关灯,可当作是外出回家时的玄关照明。

　　虽然门后方使用横拉门可能会更方便,但在此处因深度不足无法达成,故只能采用门扇设计。

2 > 无玄关式双边鞋柜设计
以橡木为主搭配壁纸设计的收纳功能柜

柜体和天花板风格一致，呈现
一体性的 L 形视觉感。

双面门扇柜到哪都能收。

设计师说 DESIGNER SAY
融合天花板与梁柱的一体化设计

　　进门后左边是客厅，右边是餐厅，并没有可做成鞋柜的空间。屋主说可在室外做鞋柜，但我觉得鞋子放外面万一物业说不行时就麻烦了。经过与屋主讨论后，将鞋柜设计在大门后与展示柜合二为一。

　　这是一个很特别的鞋柜，面材以橡木为主，用不同的壁纸去跳贴。而鞋柜的门与天花板结合成 L 形，这样也就将天花板上的横梁纳入在造型内了。

柜体材质 CABINET MATERIAL
黛玉色直纹木皮、铁刀木、壁纸

设计重点 DESIGN FOCUS
利用立柱深度做成全家人都可以使用的鞋柜

门扇的面以壁纸为主，壁纸四边以实木压条收边。通常会觉得壁纸是比较脆弱的材料，容易破损又怕潮湿，但壁纸变化多，更容易更换。实木的压条收边让门扇多了立体感，又可保护壁纸不易被刮伤。

鞋柜深度 60 厘米在这里可供全家人使用，双开门的设计方便进门后使用，鞋柜内的鞋子也可一目了然。

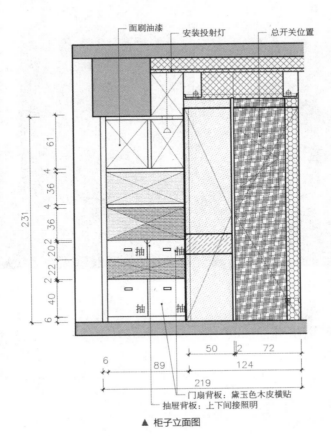

▲ 柜子立面图

3 > 无玄关鞋柜设计
落地设计的大气鞋柜

 DESIGNER SAY
简约实用的密闭式鞋柜

　　屋主是年轻的夫妻，他们希望鞋柜的空间要大，因此大门与电视柜平行的位置是最适合的。当时我提出悬吊式鞋柜的设计，但屋主认为将鞋子放在这个位置不够美观。刚好大门旁边有一空间可以摆放简易活动鞋柜，因此将鞋柜做了落地设计。

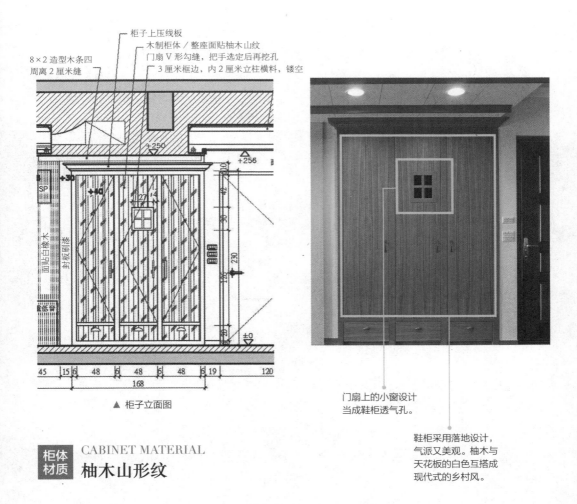

▲ 柜子立面图

门扇上的小窗设计
当成鞋柜透气孔。

鞋柜采用落地设计，
气派又美观。柚木与
天花板的白色互搭成
现代式的乡村风。

柜体材质 CABINET MATERIAL
柚木山形纹

设计重点 DESIGN FOCUS
规划重点——鞋柜内设置活动层板

　　屋主喜欢美式乡村风格，设计之初就决定使用柚木材料。乡村风格通常以柚木山形纹为主，但在此我用的是直纹柚木，希望能呈现接近现代感的乡村风。门扇的小窗不仅凸显出质朴，又可作为透气孔的设计。

　　柜体采用入柱式设计。简单来说，入柱就是柜体外观可以清楚看见四边框、门扇与门扇间的立柱或门扇与隔板间的横料。柜体采用落地设计，最下方抽屉用以收纳，其他柜内则以活动层板为主，天花板的白色与柚木搭配彰显出简单利落的风采。

兼具储物间与鞋柜功能的玄关双面柜
拥有两种功能的双面柜体

置入玻璃让光线穿透，使深色柜体视觉上不显沉重。

整体以红砖文化墙串联起纽约住宅的风格印象。

拉门打开后是另一处收纳区。

设计师说 红砖的质朴带出家的温度

　　屋主夫妻希望家是有温度且能让人放松的。他们想要柜体有些展示空间，可以摆生活照跟旅行纪念品。柜体空间有 3 米高，在设计的空间上自然有它的优势，因此我建议屋主可用红砖文化石来串联空间，红砖充满异国风情还有复古的质朴。

　　入门正对窗户，空气流通过快又不够稳定，因此做玄关柜用以隔断气流。门后的空间刚好可以做鞋柜及收纳储物的衣帽柜，双面展示的玄关柜让家有了一个美丽的展示空间。红砖文化石加上壁灯折射，显出浓浓的纽约住宅的风味。

柜体材质 CABINET MATERIAL
橡木直纹、胡桃木山形纹、壁纸、文化石、玻璃

DESIGN FOCUS
玄关双面柜用玻璃做间隔增添视觉穿透感

大门后有 80 ～ 90 厘米设计成造型墙搭配横拉门扇，此区规划成鞋柜与放置婴儿车或球具的收纳空间。材质以两种不同的木皮做对称状，大小同比例的横线作为分割，左边的造型墙加置挂钩装饰也可当挂衣钩，或是客人来访时的挂衣架。

玄关双面柜，总宽度约有 50 厘米，正面的双面柜采用胡桃木木皮为基底，下方抽屉深度约 45 厘米可作为玄关的收纳使用，左边靠近储物间的柜体下方是门扇，方便收纳鞋。两侧以文化石做成侧墙，利用立柱分割，双面层板约有 25 厘米深，客厅面以展示功能为主，层板之间采不对称设计，中间穿插玻璃与壁纸让玄关展示收纳柜增添一种立体感，另有穿透的视觉效果。

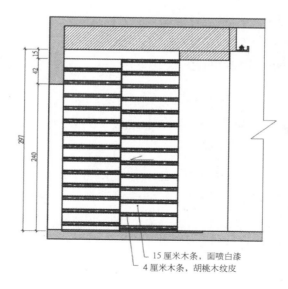

└ 15 厘米木条，面喷白漆
└ 4 厘米木条，胡桃木纹皮

▲ 储藏室入口立面图

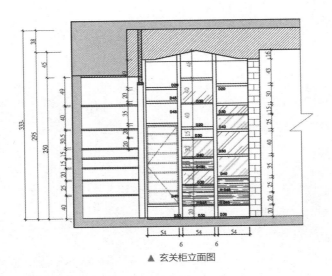

▲ 玄关柜立面图

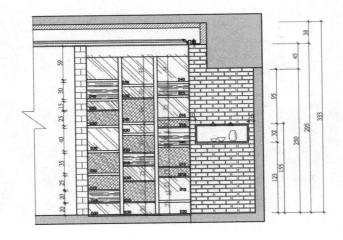

▲ 玄关柜,客厅面立面图

5 > 玄关的层板展示柜
镂空设计的拖鞋装饰成为特色门把

前后双面展示柜，无论进大门还是
在客厅都能清楚地看见展示品。

层板柜背面以金色夹纱玻璃
组成，看起来轻盈有质感。

拖鞋镂空嵌饰作为收纳柜
把手。

设计师说 DESIGNER SAY
善用夹纱玻璃让视觉有唯美穿透感

设计规划空间约 60 平方米，屋主是一对从事科技行业的年轻夫妻，目前他们已经有了小宝宝。当初在规划设计时因为他们都很年轻，我建议选择的材料并非是主流的木皮，而是以耐磨的美耐板为主，木皮当作点缀。他们的房子一开门会有过强的迎面风吹来，会使进屋的人感觉不太舒适，但因为玄关空间不大，不建议做成密闭式柜体，所以将打开门的对面位置用木皮与玻璃设计成开放展示空间。一方面转移进门玄关的狭小格局，也可以区分玄关和客厅的位置，当时屋主担心玄关柜会让玄关变得狭窄拥挤，经过说明讨论后他们接受了建议。

柜体材质 CABINET MATERIAL
白色透心美耐板、铁刀木皮夹纱玻璃、嵌饰

设计重点 DESIGN FOCUS
不同材质结合，空间感更延伸

大门后的位置为鞋柜，门扇采用白色的透心美耐板，此种美耐板不会在面材接面处看到板材与板材接面的黑边，质感好且具有现代感。美耐板另一个优点是硬度够、耐撞不易刮伤又好打理。

柜体使用白色，并以可爱的拖鞋造型当把手，一看便知是鞋柜，可增加趣味感，把手更是另一种透气口。

玄关的展示柜的立柱与层板以胡桃木为主，中间用白色的美耐板做成长方形的方框，与深色胡桃木有着强烈的对比，不同于传统的层板设计，创新形成独特的风格让鞋柜与玄关展示柜有了呼应。隔间的玻璃采用金色的夹纱玻璃，让灯光下多了亮晶晶的质感。玄关玻璃的背面就是客厅，若是做整片大玻璃就会显得压迫感很重，看起来也会有视觉冲突，故将玻璃分成两片，中间留有一个长方形空间让玄关、客厅有了视觉穿透感，大面积的玻璃则成为最佳的空间界面。

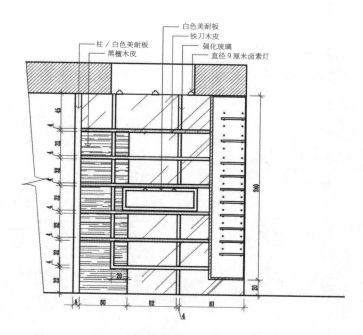

▲ 玄关鞋柜立面图

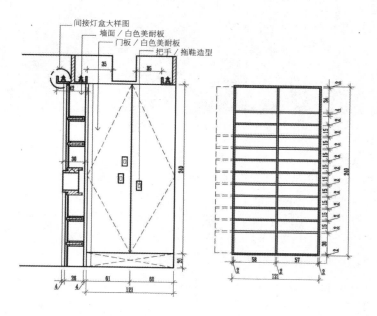

▲ 柜子立面图

6 > 多功能三面柜
三面多功能简约风收纳柜

设计师说 DESIGNER SAY
双面玄关展示柜明确区域空间

这个案例约 90 平方米空间格局并不是很好规划。开门就能看见儿童房的门槛,进门后长条形的空间又让玄关区显得太大,已浪费不少空间。儿童房门右边又是厕所门,屋主也不希望浪费这个空间,反复沟通修改后终于定案。

我将玄关规划成两个部分,运用玄关展示柜做成双面柜,前面是玄关展示柜后面是书柜,后区的客卫和儿童房前,做了架高作为休憩阅读区。加上屋主的儿子正在学围棋,便可以当成下棋的空间,因此成为多功能的空间。

作为阅读区的书柜使用。

方便阅读的书桌高度 75 厘米。

 CABINET MATERIAL
秋香色木皮、喷漆、壁纸

DESIGN FOCUS
三面设计柜，到哪都能收

整个柜体高 180 厘米，其中鞋柜采用上下悬吊式设计，呈现简约现代风格。上下悬空的设计突显立体感，并且具有修饰空间的效果。

玄关双面展示柜，将开门后正面的展示空间规划成三面皆可使用的柜体，柜深 50 ~ 55 厘米。展示柜面材使用喷漆，并用三色搭配，让空间因色彩的不同产生变化。

善用设计手法让空间增加更多功能性

玄关柜由左到右又可分为三个柜体。从鞋柜的接面算起，右区的立柜约 45 厘米，采用穿透式层板，使空间穿透有了延展性；中间区的玄关和后面是凹凸设计，中间不平均分隔可双面使用，最右区则在多功能区下方放置屋主经常使用的打印机，整个柜体以玄关面 95 厘米的高度做成桌面。

架高的后面则是方便阅读的书桌，高度约 75 厘米。50 厘米的柜体从客厅看上去面积庞大，但 U 形的层板衔接前面的玄关与书桌，有修饰柜体的作用，让客厅的展示空间更大。多层次的展示空间则是女主人最佳的创意发挥舞台。而直纹勾缝的造型墙中有着隐藏式门楹，能修饰儿童房与客卫前的空间。

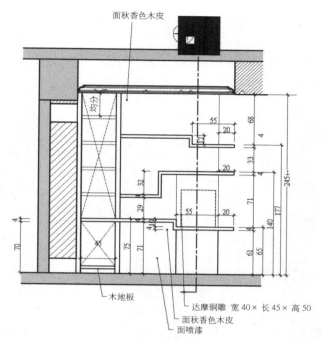

面秋香色木皮

木地板

达摩铜雕 宽 40 × 长 45 × 高 50
面秋香色木皮
面喷漆

▲ 玄关鞋柜立面图

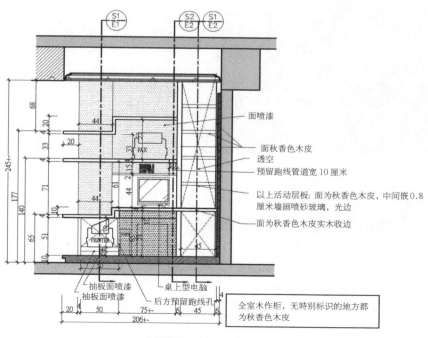

面喷漆

面秋香色木皮
透空
预留跑线管道宽 10 厘米

以上活动层板：面为秋香色木皮，中间嵌 0.8
厘米墙画喷砂玻璃，光边

面为秋香色木皮实木收边

抽板面喷漆
抽板面喷漆
桌上型电脑
后方预留跑线孔

全室木作柜，无特别标识的地方都
为秋香色木皮

▲ 玄关餐厅三面柜——餐厅柜

7 > 完美遮挡穿堂风的隐藏式鞋柜
利用鞋柜区隔空间领域

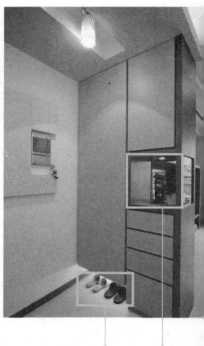

可以当作放置外
出鞋的区域。

三面透视的展示
区让整个柜体多
一些轻盈感。

设计师说 DESIGNER SAY
清玻璃展示区让空间感穿透

　　规划之初我告知屋主因为玄关的空间有限,因此鞋柜的大小势必受限。这时我会询问屋主:"是将全部都做成鞋柜?还是需要预留部分空间用作收纳功能?"屋主夫妻两人讨论后,告诉我他们所需存放的鞋的数量,因此我将鞋柜分成三个部分,分别是:鞋柜、展示、抽屉收纳。

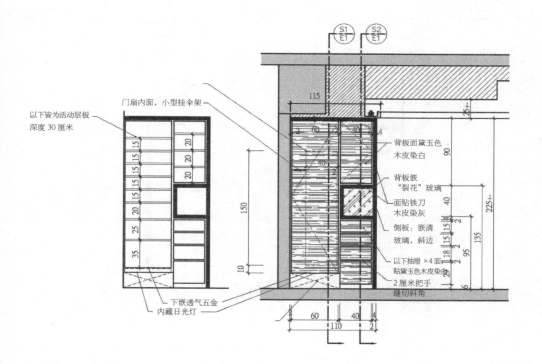

以下皆为活动层板
深度 30 厘米

门扇内面，小型挂伞架

背板面黛玉色
木皮染白

背板嵌
"裂花"玻璃

面贴铁刀
木皮染灰

侧板：嵌清
玻璃，斜边

以下抽屉 ×4 面
贴黛玉色木皮染白

2 厘米把手
缝切斜角

下嵌透气五金
内藏日光灯

▲ 玄关鞋柜立面图

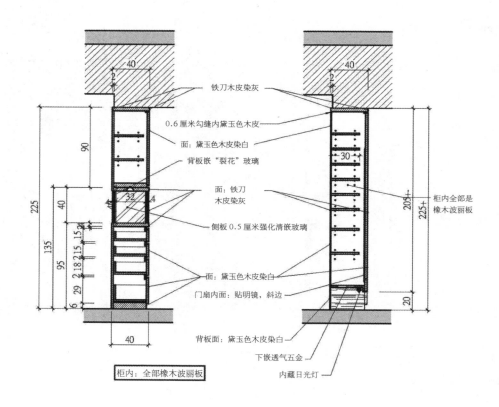

铁刀木皮染灰

0.6厘米勾缝内黛玉色木皮

面:黛玉色木皮染白

背板嵌"裂花"玻璃

面:铁刀
木皮染灰

侧板0.5厘米强化清嵌玻璃

面:黛玉色木皮染白

门扇内面:贴明镜,斜边

柜内全部是
橡木波丽板

背板面:黛玉色木皮染白

下嵌透气五金

内藏日光灯

柜内:全部橡木波丽板

▲ 柜子立面图

柜体如果全部采用悬吊式,在视觉上会很奇怪,看起来就好像柜子悬在半空中。鞋柜的背面为客厅,因此规划时就会想,如果从客厅看过来玄关那面对着一面木墙会产生很大的压迫感,于是当时决定采用双色木皮搭配,将展示间框起来形成一个三面展示,使进门的视线可转移焦点并且修饰过于庞大的柜体。

 CABINET MATERIAL
黛玉色木皮染白、铁刀木皮染灰、清玻璃。

 DESIGN FOCUS
光线与视线的穿透创造柜体美感

大门宽110厘米作为柜体宽度,左边的单门扇则是鞋柜收纳,右边规划成上下柜,上下柜中间的展示空间采用双面玻璃,让玄关、走道、客厅的光线及视线可以自然穿透,达到转移视觉厚重感的效果。而中间的展示空间,还可以置放钥匙,无论出门前还是回家后都能方便拿取。一般来说,鞋柜当隔间入门的采光都会比较差,因为鞋柜挡住了部分光源,所以可在鞋柜最下方加装照明。此案例的鞋柜面向落地大窗,柜体中段采用三面透明展示柜,使自然光穿透,因此光源仍算充足。

8 收纳展示型鞋柜
近 30 年的老屋翻新,也能玩出创意

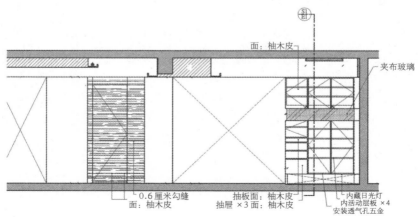

面:柚木皮

夹布玻璃

0.6 厘米勾缝
面:柚木皮

抽板面:柚木皮
抽屉 ×3 面:柚木皮

内藏日光灯
内活动层板 ×4
安装透气孔五金

▲ 客餐厅转角展示柜立面图 S:1/30 厘米

高 140 ~ 165 厘米设计为
富有格调的展示空间。

柜体以柚木木皮贴成，沉稳
的质感与室内风格相呼应。

DESIGNER SAY

既解决穿堂风的问题也不会阻碍屋内动线

屋主夫妻是我相识多年的老友，我在日本求学时他们还曾过来探访我，因此我们有一定的信任与包容。这个案例是一幢别墅，这次整修只是因为老旧而翻新。夫妻俩当时在规划空间时选择将主卧留给年迈的妈妈，他们则住在次卧室，这样的孝心实属不易。

这房子的空间属于长条形客厅，进门则是餐厅区空间很大，我在规划玄关鞋柜兼展示柜时已考虑鞋柜会不会影响空间动线，因此既巧妙避开了穿堂风所带来的问题，也达到屋主不希望开门就看见客厅全貌的需求。

CABINET MATERIAL

柚木木皮

DESIGN FOCUS

玻璃展示区让鞋柜多点变化

鞋柜隔出玄关空间。在柜体横切出两个空间，140 厘米以下规划鞋柜及抽屉。140 ~ 165 厘米处为展示空间，运用灯光与玻璃让柜体多些变化，170 厘米以上则是纯收纳空间。鞋柜设计最便利的高度介于 60 ~ 140 厘米，这区间是视觉上最容易看见的位置，人们在使用上也会感到习惯且顺手。此外，整个柜体的中间部分为玻璃做成的展示柜背墙，玻璃与灯光互搭，视觉上让柜体轻盈了不少，发挥出富有独特意境的玄关风光。

9 ＞ 玄关的多重收纳柜
展示收纳并重的纯朴风柜体

8~10厘米留作鞋柜透气缝。

纯展示功能的玄关柜，可放置醒目吸睛的艺术品。

拉门打开后是层板鞋柜，柜体最下方拉高加装照明灯。

 DESIGNER SAY
将需求融入设计才是好设计

　　屋内住了退休的三姊妹以及年迈的妈妈，我在规划之初就将空间全部打散，并依他们的需求重新规划，因此才能呈现如此完整的玄关。除了家有银发族，另外还养了一只宠物，因此家中需有放置轮椅及狗狗推车的空间。他们也希望空间活泼、色彩多元化，很认真地将需求用表格形式逐条列出来，所以在规划时我们也能依需求融入设计，让他们在使用上更方便。

柜体材质 CABINET MATERIAL
玛奇朵色木皮、瑞士橡木木皮、鱼木直纹、古典相框、嵌饰

善用空间做出其他收纳功能

　　玄关柜与鞋柜成 L 形设计,以白橡、胡桃木及鱼木三种木皮搭配,加上嵌饰特殊把手装点出独特性。入门的玄关柜以展示功能为主,台面上除了放置展示品,也能放置钥匙;下方设计抽屉可收纳物品。进门后的左边规划 90 厘米 × 80 厘米的横拉门式储物间,可收纳外出用轮椅及宠物用推车,柜内 130 厘米以上的层板另增加了收纳功能。

　　横拉门式储物间与鞋柜中间有个立柱,因此制作拉门时宽度设定约 140 厘米便可将立柱遮起来。当储物间的横拉门拉开时,会盖过鞋柜左边的门扇,紧邻鞋柜的收纳空间,两者为凹凸设计。设计拉门使用轨道,因此比门扇的多凸出约 8 厘米的空间,靠鞋柜边设计 8 ~ 10厘米横 U 形造型,也可当成透气孔。

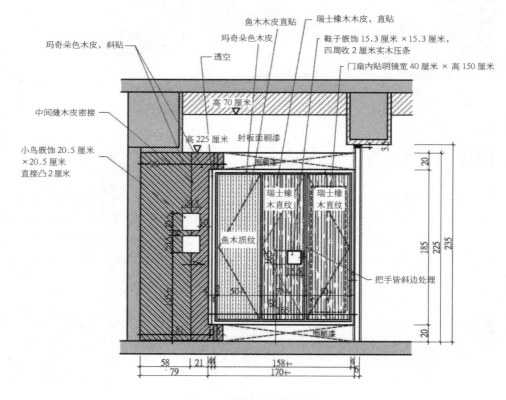

▲ 玄关储物室和鞋柜立面图

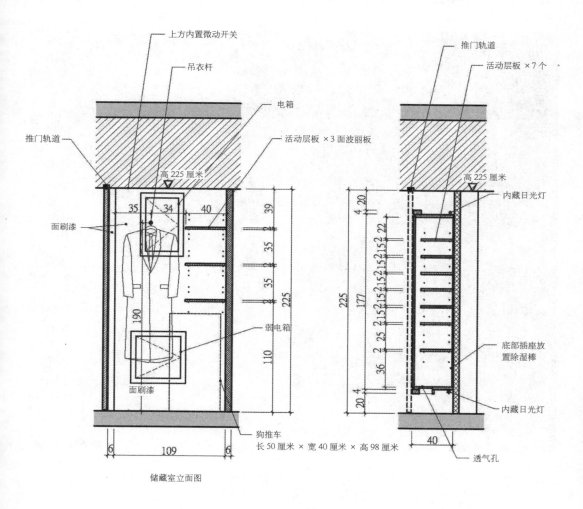

储藏室立面图

▲ 储藏室立面图

（图中标注）
上方内置微动开关
吊衣杆
电箱
活动层板 ×3 面波丽板
推门轨道
高 225 厘米
面刷漆
弱电箱
面刷漆
狗推车
长 50 厘米 × 宽 40 厘米 × 高 98 厘米

35　34　40
39
35
35
190
225
110
6　109　6

推门轨道
活动层板 ×7 个
高 225 厘米
内藏日光灯
底部插座放置除湿棒
内藏日光灯
透气孔

4　20
22
15　15　15　15
177
225
2　25
36
20　4
40

10 > 功能性鞋柜
利用立柱做出视觉延伸感

设计师说 DESIGNER SAY
结合包柱做成的玄关鞋柜

　　这个案例是跃层，进门有根立柱自然形成一个完整的玄关区，但屋主不喜欢进门就看见一根柱子，我就建议他将鞋柜与转角的餐具柜连成一个面，就可以更好地延展视觉的空间感。

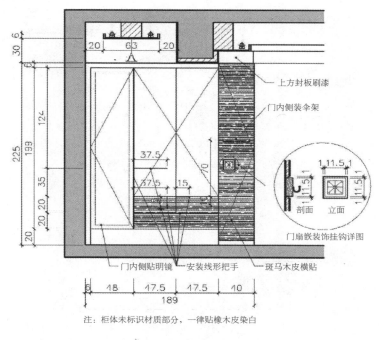

上方封板刷漆

门内侧装伞架

门内侧贴明镜　安装线形把手　斑马木皮横贴

门扇嵌装饰挂钩详图

剖面　立面

注：柜体未标识材质部分，一律贴橡木皮染白

▲ 柜子立面图

柜体材质 CABINET MATERIAL
橡木木皮染白、斑马纹木皮、嵌饰

设计重点 DESIGN FOCUS
打造最强收纳鞋柜

　　玄关鞋柜以橡木为主，转角立柱以斑马纹横贴连接，餐具柜设计成 L 形，立柱做成假柜用以连接两边柜体使进门的玄关柜加大，因此看起来大气不少。柱子上面加上嵌饰做成挂衣钩，方便外出回来挂衣物及客人来使用。餐具柜以斑马纹横贴中间做成展示柜，上下收纳让空间具有延展性，富有多层次与线条。

11 > 兼具展示功能性的玄关鞋柜
门扇、抽屉交错设计展现多变性

设计
师说 DESIGNER SAY
鞋柜也能充当美丽的展示柜

　　这个案例中进门的玄关是鞋柜同时也是展示柜。屋主夫妻都是医生,对专业设计相当尊重,他们先提出需求再与我们讨论,最终我决定以橡木木皮呈现柜体简约大气的质感,在柜体中间切出一块展示平台让整个柜体实用却富有变化性。

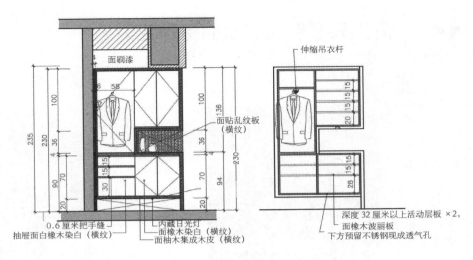

▲ 玄关鞋柜立面图 S：1/30 厘米

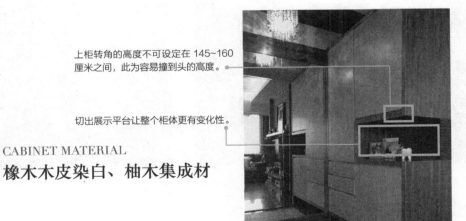

上柜转角的高度不可设定在 145~160 厘米之间，此为容易撞到头的高度。

切出展示平台让整个柜体更有变化性。

柜体材质 CABINET MATERIAL
橡木木皮染白、柚木集成材

设计重点 DESIGN FOCUS
上柜转角需注意高度设定避免碰到头

　　鞋柜分为左右两个门，柚木集成材做成柜体框边，门扇以橡木木皮和柚木集成材做双色搭配。左边上柜是鞋柜，下方是抽屉。右边柜体的上方则是收纳柜、下方是门扇，中间为放置展示品的展示空间。

　　且中间转角的位置为开放式设计，柜体与客厅空间有接续效果，中间的开放空间可放展示品和钥匙。要注意上柜下方转角的高度不可在 145 ～ 160 厘米，因这区间的高度很容易让头撞到，切记！

12 > 善用畸零空间做出的特殊鞋柜
窄小空间也能变出大妙用

DESIGNER SAY
因空间不足的功能鞋柜

　　因为进大门后完全没有足够的空间可作为玄关和鞋柜，只好利用进门后右边柱子旁约 80 厘米深、40 厘米宽的畸零空间做成拉门式鞋柜。

CABINET MATERIAL
山形秋香色木皮染白

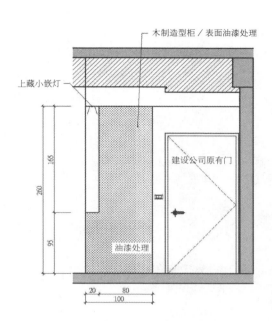

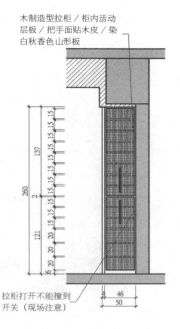

木制造型柜／表面油漆处理

上藏小嵌灯

建设公司原有门

油漆处理

木制造型拉柜／柜内活动
层板／把手面贴木皮／染
白秋香色山形板

拉柜打开不能撞到
开关（现场注意）

▲ 玄关展示柜立面图 S: 1/30 厘米

利用柱子本身的畸零空间做成拉门鞋柜。
又分为上下两块,上方为收纳柜,下方
可放置常用鞋款。

DESIGN FOCUS
善用畸零空间创造更多收纳价值

　　我规划约 60 厘米的横拉式鞋柜,剩下约 20 厘米做成客厅展示空间。鞋柜正面贴橡木木皮,内部贴白橡波丽板,侧面刷漆做壁面处理。这个鞋柜只能使用上下轨道,所以造价较高,经常使用就需要定期维护。因为是在有空间限制下的柜体规划,也只能请屋主小心使用了。

13 > 楼梯下收纳柜
利用转角延伸收纳的设计

设计师说 DESIGNER SAY
克服楼梯间转角过深的难题让收纳空间变更大

这是一栋别墅,一楼是车库、电梯、玄关鞋柜区。在挑高约 360 厘米的空间中,楼梯下的空间深度都超过一米,一般情况都直接做成收纳间,不过转角处太矮而且深度又太深,会形成死角并不好使用。在和屋主讨论过后,做成适合的收纳柜让原本的独栋别墅变出更多更系统性的收纳空间。

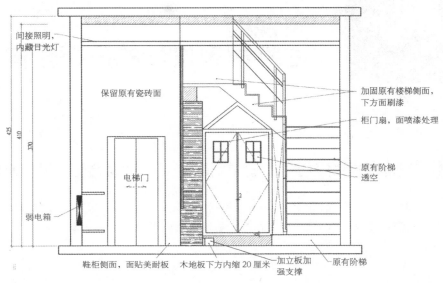

间接照明,内藏日光灯

保留原有瓷砖面

加固原有楼梯侧面,下方面刷漆

柜门扇,面喷漆处理

原有阶梯透空

425
410
370

电梯门

弱电箱

鞋柜侧面,面贴美耐板　　木地板下方内缩20厘米　　加立板加强支撑　　原有阶梯

▲柜子立面图

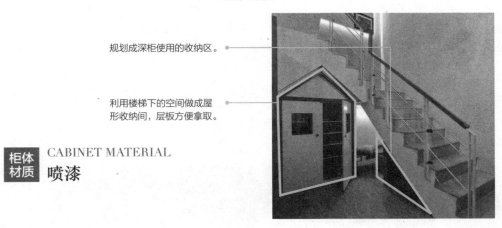

规划成深柜使用的收纳区。

利用楼梯下的空间做成屋形收纳间,层板方便拿取。

CABINET MATERIAL
喷漆

设计
重点
DESIGN FOCUS
无趣的转角空间摇身一变成活泼有趣的小屋形收纳间

　　运用楼梯原本的斜度做成屋形收纳柜,转角过深的里侧位置作为留白空间并作为展示空间,右边则做成深抽屉使用,使整体的收纳空间成为活泼有趣的小屋形收纳间。

电视柜

IV CABINET

电视柜
主宰居家设计的风格走向

装修前先看好各主机的款式和颜色，并注意音箱的高度及色彩

电视柜一直是整体居家设计中的重点，当设计师在讨论规划时，第一个一定先规划电视柜的图面，接着才继续设计其他柜体的样式，可想而知电视墙（柜）主宰着整体居家设计的风格走向。

近年来的电视产品升级为轻薄的液晶电视，而现代的美学观念更倾向于将简约做到极致，在设计时大都会选择将电视挂在墙面上，也有人习惯放在桌上；对此，我总会建议挂在墙面较安全，除了不怕地震摔落也不必担心小孩玩耍时不小心推倒它。现在电视机变薄了许多，大家必然会觉得这样在做电视柜时能够节省不少空间使客厅空间放大，但是我们仍有音响、音箱和各种各样的主机等，它们仍需要约 50 厘米深的柜子来放置。因此，现在的电视墙规划走向都将墙面做大，同时利用下方的空间当作主机柜，或者将主机柜独立于一旁，使电视墙视觉上简单利落。

抓住规划重点：看电视时最佳角度是双眼与电视齐高

规划电视柜时，需将音响、音箱、有线电视线、中置环绕配线和网络线等所占位置一并考虑，最好能在电视与主机间预留一个空管以备不时之需；插座也需多预留在主机柜内。设计主机柜时特别要注意各种主机的散热问题，机器串联时层板也需预留线孔，以便日后使用。

在客厅看电视时，双眼与电视机的最佳平视高度是电视机的下缘离地 45 ~ 50 厘米的位置，电视画面的高度比两眼平视时略低 15 度，当双眼能与电视机平视才不会产生视觉疲劳。

但如果是要放在主卧室的电视柜，高度就可以做高一些，高度约从 90 厘米开始算，这样无论坐在床上或者躺在床上，仰角观赏才是最适合的角度。

1 > 现代简约的电视柜
古典中不失质感

设计
师说DESIGNER SAY
门扇式主机柜加装花片帮助散热

混搭的风格中却有现代简约的风格，以花片、木皮、瓷砖三者拼贴，采用左右对称的设计，左边突出面是书房的隐藏式门扇，右边花片是主机柜。两边柜体突出刚好可以遮住电视机的侧面让视觉更美观，L形的主机柜是双开门式高柜，柜体中间是主机柜，下方用作收纳，而柜体柜体凸起可达到遮蔽电视厚度的效果，让侧面视觉看来更有一体性。

橡木木皮、胡桃木皮、瓷砖交错拼贴打造视觉强烈的直条纹。

镂空花片帮助主机散热。

上方则负责展示。侧开门方便主机接线使用，在使用主机器遥控时不用另外开门，方便又美观。门扇加装花片帮助散热，切忌花片设计不需在背面加上玻璃，因为加了玻璃反而无法散热。

柜体材质　CABINET MATERIAL

花片、瓷砖、梧桐木喷砂、榆木喷砂板、瑞士檀木

设计重点 DESIGN FOCUS
木质贴皮与花色瓷砖谱出对比和谐的乐章

　　柜体以梧桐木喷砂当主色，立面以榆木、瑞士檀木及瓷砖平贴呈现出来，大小不一的勾缝用跳色设计，这样的设计可以搭配一旁的主机柜色系和隐藏式门缝部分。平贴木皮则是为了突显瓷砖的立体感，特别选用圆弧立体感的瓷砖。这样的配色与搭配只是设计之初，只有将所有材料确认并预留瓷砖所需的空间才能创造整体感。此柜以不同材料的跳贴，加上繁琐的瓷砖铺贴，搭配特殊花片与喷漆费用，整体而言造价会比一般柜体高出 10% ～ 20%。

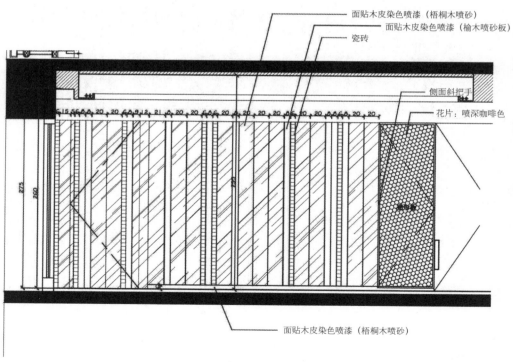

面贴木皮染色喷漆（梧桐木喷砂）

面贴木皮染色喷漆（榆木喷砂板）

瓷砖

侧面斜把手

花片：喷深咖啡色

面贴木皮染色喷漆（梧桐木喷砂）

▲ 柜子立面图

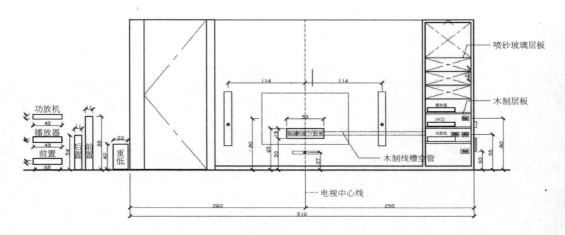

功放机

播放器

前置

喷砂玻璃层板

木制层板

木制线槽空管

电视中心线

▲ 客厅音响电视线路标示图

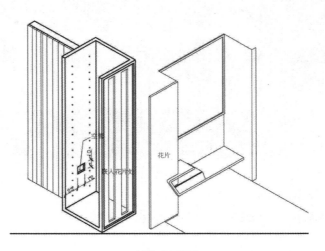

花片

▲ 电视机柜透视图

2 > 客家风情风格的电视柜
复古花壁纸让电视墙有了丰富表情

设计
师说 **DESIGNER SAY**
以木柜搭配壁纸,电视墙宛如画作

　　屋主是我在日本读书时打工的同事,现已是多年的挚友。当年就允诺他们家每一个人都有一次免费的装修设计,她应该是他们家第三个使用这个约定的人。帮他们设计是一件很开心的事,相识已久信任满满,夫妻俩完全信任放手让我自主设计。其实多数的客户对我都很信任,但我自己也会花时间去揣摩客户的想法和需求,不过客户总有自己主观的想法,所以仍旧需要

可移动式立板，展示空间
更有弹性。

兼具收纳功能的主机柜。
采用花片设计不需担心遥
控时被门扇阻挡信号。

花些时间沟通说服,要不认识的人信任你,那是多么"高压"的工作啊!

这案例在玄关柜的章节中出现过,在长条形的空间中,我将鞋柜、玄关柜、展示柜、电视柜和主机柜合为一体。在空间规划时,我设定柜体风格质朴、不单调且具有现代感,兼具设计感的同时还要有收纳的功能。长条形的柜体需考虑对比度、两个柜体之间的比例以及木皮之间的融合性。

 CABINET MATERIAL

柚木山形纹、核桃木、白橡木、花片、进口壁纸

 DESIGN FOCUS

独特的绿色大花样式壁纸成为电视柜衬底

电视墙的设计,以等比例配置的横层板为主,利用三种不同木皮做成横层板及部分背板,再以两种壁纸跳贴。营造主视觉的绿色花样壁纸是我一进大厅就做的决定,选材配料时都已考量过整体的协调性,冷色系的绿色与暖色系的咖啡色营造出温馨复古的气氛,整个电视柜因为色彩变得独特。当屋主看到壁纸当时觉得太凌乱太亮了,不过因为相信我的规划还是同意了,因此才能做出这款个性化的电视柜。

电视柜底部照明线条灯营造出暖暖的氛围

层板间的立板可以移动或拿下,立板的用意可让电视墙变化多样,偶尔层板上不免因为乱摆东西而变乱,当客人来时我们就可以移动立板暂时遮乱。整体电视墙加上下方的间接照明,柜体层次更为分明,灯光在设计中成为不可或缺的角色。主机柜的L形门扇内放置主机,镂空设计能帮助主机散热,上下柜另保留收纳空间,可以收纳客厅备品。

同样适用柚木直纹与胡桃木贴皮的双色组合，却在细节的地方改变了配置，充分与居家设计融合却不失创意。

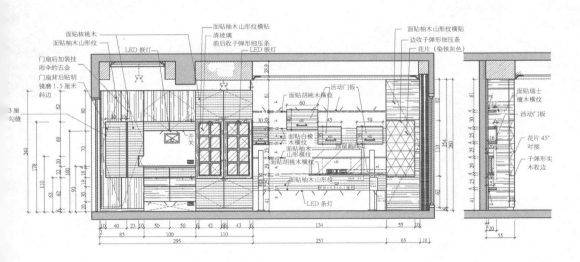

▲ 柜子立面图

3 > 层次鲜明色彩绚丽的电视柜
斜口切面色彩层次，抢攻客厅主视觉

设计师说 DESIGNER SAY
层次分明、色彩丰富的电视主墙

屋主提出希望客厅能充当视听室使用，因此我在规划时表示，若是客厅在观看影片和以当作一般客厅使用时都能成为一个独立空间的话，则需特别设计区间空间，以达到转换心情的效果。

最后与屋主讨论后决定使用布帘当隔间，它就像是一个软性的侧墙，既可形成一个独立的空间，又不会压缩空间。为了能好好收纳窗帘，电视墙在侧面规划出收纳窗帘的柜子，视觉上看起来清爽且不凌乱。

侧面设计可完整收纳布帘的柜子。

主机柜与音响置放在下层。

柜体材质
CABINET MATERIAL
清潭木、安丽格、松木、柚木集成材、
象牙木、黑檀木、白橡木

设计重点
DESIGN FOCUS
凹凸立面与跳色搭配完成个性十足的电视墙

电视墙上充满着凹凸的立面,是使用层板以不同的角度从壁面斜出做出来的,立面的板材也采用不同的角度倾斜,且让不同木皮以跳色搭配,混搭出具有现代感的主题个性。此外,因为电视墙未架设主机柜,在墙面空间有限的情况下,希望能将墙面做得大气一些,故将各主机、音响、音箱规划放置于地面的层板上。

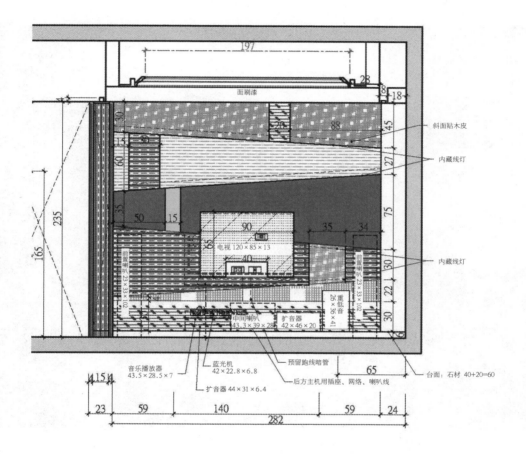

▲ 柜子立面图

简约现代乡村风的电视柜

壁炉风格且收纳功能完整

 DESIGNER SAY

现代乡村风的绝佳演绎

此为大面积户型的客厅，屋主希望秉承低调简约的风格，因此我只针对主机、音箱、收纳等方面与屋主多次讨论。我设计将主机柜放在上柜，使电视壁面干净清爽，左右两边的高柜采用立柱落地设计，打开后也能成为收纳空间。

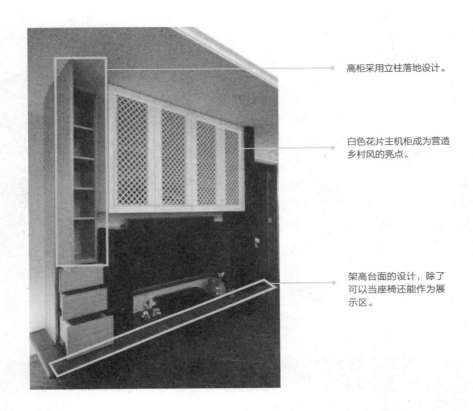

高柜采用立柱落地设计。

白色花片主机柜成为营造
乡村风的亮点。

架高台面的设计，除了
可以当座椅还能作为展
示区。

　　上柜的主机柜表面是提供视觉穿透力的格状花片式设计，内有玻璃层架可以放置小型展示品，上柜的底座通过打灯让质感提升。

 柜体材质 CABINET MATERIAL
复古楼梯砖、花片、柚木集成材、瑞士橡木、胡桃木皮

DESIGN FOCUS
故意做大的瓷砖底座也是
休憩座位区

　　此款电视墙是以瓷砖为底座, 施工的细节上需先将木制底座架好, 泥作师傅再来贴砖, 因此柜子的尺寸需先在施工前详细确认, 才不会最后无法整砖收尾。而瓷砖的选择也很重要, 我希望呈现的是让底座又薄又轻巧的感觉, 因此选择了复古砖, 通常这是楼梯专用的材质, 因此它的侧面线条才会既利落又存在美感。在设计细节上, 故意将瓷砖底座做大, 使它也能成为座位区, 却因为材质的关系, 整体看起来沉稳却轻盈。

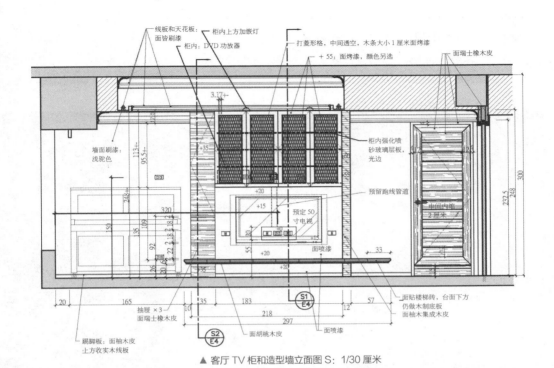

线板和天花板：
面皆刷漆

柜内：DVD 功放器

打菱形格，中间透空，木条大小 1 厘米面烤漆

＋55：面烤漆，颜色另选

面瑞士橡木皮

柜内上方加嵌灯

3.17＋

＋35

墙面刷漆：
浅驼色

113＋

95.5＋

248＋

320

150

35

109

92

26

＋20

＋15

预定 50 寸电视

55

＋20

＋20

柜内强化喷砂玻璃层板，光边

预留跑线管道

中间内缩 2 厘米

232.5

300

248

面喷漆

33

S1
E4

20

165

35

10

183

218

297

12

57

抽屉 ×3
面瑞士橡木皮

踢脚板：面柚木皮
上方收实木线板

S2
E4

面胡桃木皮

面喷漆

面贴楼梯砖，台面下方
仍做木制底板
面柚木集成木皮

▲ 客厅 TV 柜和造型墙立面图 S：1/30 厘米

5> 纽约风情的电视柜
体验一回纽约客的设计精神

设计师说 DESIGNER SAY
三面柜的电视墙 = 一墙两面趣味高

　　此案的屋主是一对年轻夫妻，因为目前还未生养小孩，因此我在规划空间时，就会先设想当未来有孩子时，小孩幼儿时期需要较宽敞的公用空间，让孩子在屋子内可以随时看到父母亲，内心也会比较有安全感，父母也可随时注意孩子的安全。在开放空间当中，父母也有一个空间能够处理自己的事，不用为了陪小孩而放下手边该处理的工作。

复古红砖与白色壁面互搭看起来清爽大方。

无论人身在客厅或是书房，前后面皆可开门取物的便利设计，让人不禁拍手叫好。

电视墙是三面功能的主要柜体，同时也是客厅与书房的隔间柜，首先一进门的对角会先看见展示柜，再就是客厅的电视柜，最后才是书房内的书桌。客厅与书房的半穿透性让客厅空间有了延展的作用，视觉上因为少了直接的空间隔断，让空间有了延展性。

柜体材质　CABINET MATERIAL
瓷砖、胡桃木、铁花片、喷漆、玻璃

设计重点　DESIGN FOCUS
双面电视柜成为亲子间联系感情的绝佳媒介

通常一进门的视角，一般不会在视线可及之处看到立柱，因此我设计一个长形堆叠的长型层架，利用堆叠的角度让它成为餐厅和客厅的双边展示空间，正面利用复古的红砖做成立柱，营造出美式风的氛围。

107

　　主机柜也采用悬吊式坐台设计，前面以铁花片装饰对应主墙的白色。此外，机柜半嵌入书房，以增加客厅的空间，背面则用玻璃做成门扇，还可充当孩子们父母的留言板。

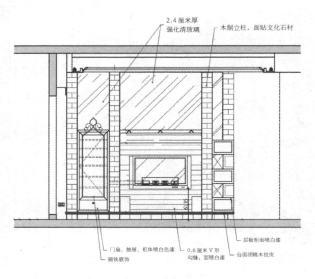

▲ 柜子立面图

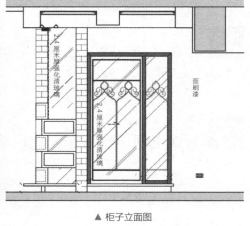

▲ 柜子立面图

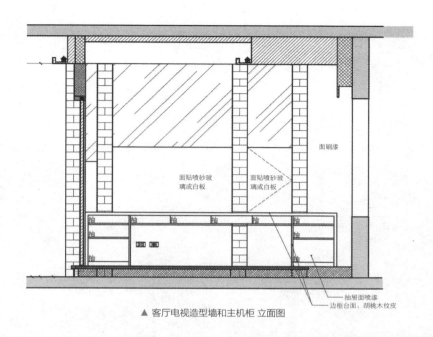

面刷漆

面贴喷砂玻璃或白板

面贴喷砂玻璃或白板

抽屉面喷漆
边框台面：胡桃木纹皮

▲ 客厅电视造型墙和主机柜 立面图

6〉简约中见细腻的双面电视柜
壁纸与木质贴皮搭叠的稳重质感

设计师说 DESIGNER SAY
让电视成为最佳的展示品

　　一进门就看到卫生间的门是视觉感受上的大问题，所以电视柜就要起到遮挡的作用。屋主家的门口是客厅，电视墙背面则有客房，因此我不但要考虑进出客房的动线，还要考虑电视墙遮挡的设计。在此空间上，电视墙的变化并不大，考虑过后我决定将电视墙和客房的门合并为一体。

　　整个电视柜并没有收纳与展示的空间，这样电视便成为最佳的展示品，表面上看似简单的构成，却富有多种材质与凹凸面的设计，这也是在设计上常用来营造深浅对比的手法之一。

和风壁纸增添空间中的复古氛围。

朝内开门的设计不影响客厅动线。

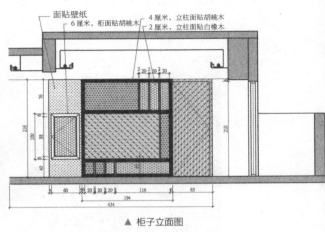

面贴壁纸
6厘米，柜面贴胡桃木
4厘米，立柱面贴胡桃木
2厘米，立柱面贴白橡木

▲ 柜子立面图

柜体材质 CABINET MATERIAL
胡桃木、白橡木、花片、壁纸、美耐板、玻璃

设计重点 DESIGN FOCUS
彻底思考过一体化的完美搭配

电视柜为平面构成，但在电视柜之间的隔间上有着凹凸立体的立柱和横柱，利用立柱遮起电视的侧面在视觉上就能营造利落感。电视柜右边是一扇隐藏式门樘，左边是由壁纸包成的假柱，假柱前后都可打开。背面的门内能够装主机及配线时使用，柱面上下的收纳空间改在背面做出，让正面呈现一体化的美感。

架高的后区则是方便阅读的书桌，高度约75厘米。50厘米的柜体从客厅看上去面积庞大，U形的层板衔接前面玄关与书桌，有修饰柜体的效果，让客厅的展示间更大。多层次的展示空间则是女主人最佳创意发挥的舞台，而直纹勾缝的造型墙中有着隐藏式门樘，能修饰儿童房与客卫前的空间。

111

7 > 圆弧设计的视觉电视柜
以圆弧画出流畅感的多功能电视书柜

设计师说 DESIGNER SAY
激发双向创意让成品更令人赞叹

　　图中呈现的是一个做工难度很大的电视柜，大家应该都很好奇设计与制作的过程吧？屋主是一名教授，拥有很多藏书，不过因为居住面积不大，电视柜又要与书柜结合收纳，而我想要它既能有部分收纳，还可以存有小朋友放置玩具的空间，因此花了许多时间构思设计。柜子的设计图直到工人进场后我才最终完成，过程整整花费了两个月时间，可说是工程浩大。

电视后的背板需在施工前先与屋主确认欲采购的电视尺寸。

　　因为客厅空间的两边有个小柱，并且考虑到主机柜置放的位置，故将整个柜体深度做到50厘米。当时先与屋主确认过电视尺寸后制作的，但没想到屋主还是将电视买小了一号，因此在图中可以看见电视上方的底板。

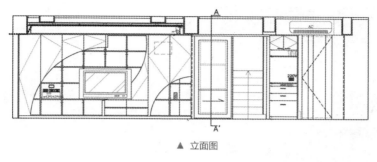

▲ 立面图

▲ 电视柜内部图

在完成这组电视柜之后，屋主认为还可以在设计上做升级，于是请我们定做了一个 U 形的亚克力板，让书籍收纳可以变成前后两层，既能方便找到书又不用过于麻烦地翻找，可以说是很厉害的个人想法。

CABINET MATERIAL
美多利直纹、白杨木直纹

DESIGN FOCUS
在清爽简洁中看见玩心独特设计

利用弧形切面门扇使整个柜体显得不呆板，下层的收纳柜保留较多空间，可供小孩放置玩具和书籍，更可以利用机会教育孩子们学习自己收拾玩具养成良好收纳习惯。看似简单规律的直、横立板中有着活动层板，屋主可自行调整放书的高度，2 厘米的立板搭配 2 厘米的层板，使得柜体看起来线条清爽不沉重。

8 展示型隐藏电视柜

是电视柜，也是展示柜

DESIGNER SAY

开门与关门呈现两种不同风情

　　有人会认为电视对着主卧室的床会因为电视的辐射而产生不好的影响。为此主卧室的电视柜，屋主希望除了空间干净外，电视能够放在柜内隐藏起来。电视柜结合展示空间，利用一扇拉门将电视隐藏时就能成为展示柜，想看电视时再把门打开就是电视柜了。

 CABINET MATERIAL

柚木集成材、欧洲檀木、壁纸

当拉门关起,电视柜变身成心爱的展示柜。
横式拉门的设计,不会影响主卧的动线。

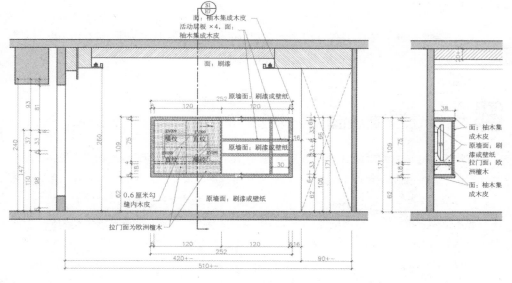

▲ 柜子立面图

DESIGN FOCUS
柜体需留意高度避免撞到头

柜体为了与主卧的色调搭配选用柚木色,柜子采用悬吊式处理,深度为25～30厘米,此设计需注意它的四角的高度是否会撞到人,拉门设计则要预留为6～8厘米的轨道,而这又会影响柜子的深度,所以需要特别留意。

依空间弹性充实功能性

厨房空间大小决定餐具柜的设计标准

餐具柜顾名思义就是收纳餐具的柜子，过去餐具柜泛指餐厅的酒柜，现在的餐具柜泛指餐厅空间中摆放用餐所需的餐具物品柜，例如：餐盘、杯具等。餐具柜的用途跟厨房空间大小息息相关，若是厨房空间够用，餐具柜的展示功能就会大于使用功能；厨房空间若是不够，餐具柜就必须以收纳功能为主。

此外，有些设计个案中为进门后客厅与餐厅在同一平行空间上，这时一般会将鞋柜、餐具柜、电器柜结合在同一组柜子设计当中，以保持设计上的一体化并达到视觉上的清爽感。

凝聚亲朋好友感情的餐具柜展示

在收纳功能与展示功能上，我一直认为餐厅比客厅更适合放展示品，是因为人在客厅时，目光都集中在电视上，旁边摆放的展示品只有陪衬效果，根本没有时间好好欣赏；用餐时全家在餐桌旁齐聚一堂，没有电视的干扰，反而能有富裕的视线去欣赏餐具柜周遭的装饰品。家庭照片或旅行带回的小物件都可以成为大家在用餐时的新话题，甚至当亲朋好友来访时变成感情联系的闲聊题材。

设计师教你懂

电器与电压　餐具柜如果要兼用电器柜时，施工前需先跟设计师确认电器数量和电压，因为电源必须先请电工师傅配好位置，才不会发生柜体完成后却无电源可用的窘境。

---

1 > 个性的几何图案拼接餐具柜
在缤纷中瞧见柜体的多变性

设计师说 DESIGNER SAY
选材与施工体现美耐板的质感

　　这是一个具有设计感且独一无二的创作收纳展示柜，配色令人印象深刻。柜体以木皮加美耐板拼贴而成，不对称的设计彰显了独特性。一般美耐板较容易给人廉价的感觉，其实美耐板也有高单价的施工法，此案例的选材较贵又损耗较多，但为了能呈现柜体的特殊性，不得不加长工时。这位客户已让我们承包第二间房子的装修，对我们的设计有足够的信任，所以让我处理所有的规划设计，尽情挥洒创意。对我而言压力更大，因为完全信任的放手，代表一定要更加的全身心投入，做出合乎屋主期待的实用设计。过程很煎熬又辛苦，但我还是乐在其中。室内设计工作者能让客户全权授权的并不多，我也非常珍惜这次能够彻底玩创意的机会，并且由衷感谢客户给我的信任。

镜子的反射让屋内空间无限延伸。

上方的灯光可穿透层板打光下来让展示品看起来更漂亮。

门扇为坚固耐用的美耐板,可以左右拉动。

柜体材质 | CABINET MATERIAL

榆木喷砂板、瑞士檀木、明镜胡桃木、美耐板

设计重点 | DESIGN FOCUS

以细节呈现柜体的多样性

此餐具柜从玄关鞋柜连接转到餐厅面成 L 形的柜体,衔接鞋柜与餐具柜的截面是一个上下悬空的胡桃木层板柜,在转角上悬吊的展示柜能够减少转角的压迫感并具有修饰“转角”尖锐的效果。

柜体的材质以橡木、胡桃木并辅以两种木皮加美耐板材质组合而成，柜体四边框采用橡木木皮，门扇为美耐板，中间拉门的框边则选用胡桃木皮来串联开放与收纳的柜体。

此开放式的展示柜，正面对着房间走道，从卧室走出来就会面对这个展示柜，展示柜则用镜子当底板，从走道往客厅方向，柜底的镜子反射产生空间无限延伸的错觉。胡桃木做层板而边框的中间嵌入喷砂玻璃层板，使柜子上方的灯光可穿透层板打光下来让展示效果更佳。

分层设定空间功能，让柜体实用性无限扩大

餐具柜本身可细分为展示、功能、收纳共三个部分。餐具高柜分为上中下三个部分，上面的收纳层故意留一格做成展示空间，大胆采用不对称的设计，增添趣味性。柜体中间部分是单扇横拉门可以左右移动，可放置红酒架、电饭锅或咖啡机当作收纳空间，空间随屋主需要可随时改变。下方设计大小不一的抽屉来对应上方收纳柜，依照物件大小收纳就容易查找。最右边是双开门扇，内部是可调式层板，可收纳大量厨房闲置的锅具或杂物，让女主人拥有干净的厨房空间。

事前沟通好才能共同成就最美创意

抽屉的企口成把手洞，长短不一做成特殊造型，也许有人会担心蟑螂会不会从洞口爬进去？其实不要因为柜子是封闭的就放弃清洁的观念，随时保持环境干净就无须担心害虫群居滋生。

不对称拼接木皮在施工时比较费时，材料的消耗率也提高了很多，因为施工的师傅在接面时因为切工的原因会不小心使板材缺角，因此师傅的功力也是重点。美耐板采用不对称的多色搭配设计，因此特别提醒在与设计师讨论时，一定要确认好想要的配色，若是完工后才有想法就无法补救了。

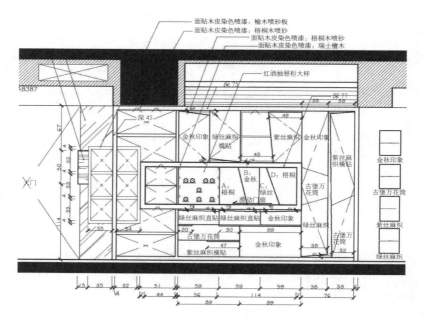

面贴木皮染色喷漆:榆木喷砂板
面贴木皮染色喷漆:梧桐木喷砂
面贴木皮染色喷漆:梧桐木喷砂
面贴木皮染色喷漆:瑞士檀木

红酒抽屉柜大样

深75

深77

深45

金秋印象
绿丝麻织
横贴

紫丝麻织 金秋印象

紫丝麻
织横贴

金秋印象

古堡万花筒

紫丝麻织

绿丝麻织

B:
金秋
D:梧桐

A:
梧桐
C:
绿丝

古堡万
花筒

滑动门

绿丝麻织直贴 绿丝麻织直贴 金秋印象

古堡万花筒
紫丝麻织横贴

金秋印象

古堡万
花筒

▲ 餐具柜 立面图 S: 1/30 厘米

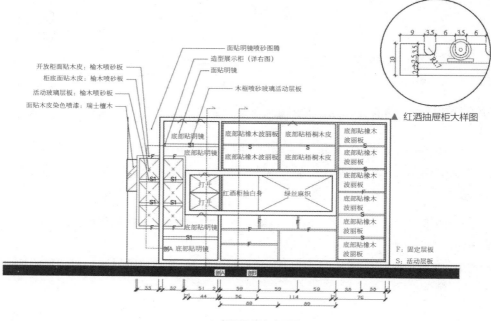

面贴明镜喷砂图腾
造型展示柜(详右图)
面贴明镜
木框喷砂玻璃活动层板

开放柜面贴木皮:榆木喷砂板
柜底面贴木皮:榆木喷砂板
活动玻璃层板:榆木喷砂板
面贴木皮染色喷漆:瑞士檀木

底部贴明镜
底部贴明镜

底部贴橡木波丽板
底部贴梧桐木皮

底部贴橡木波丽板
底部贴梧桐木皮

底部贴橡木波丽板

底部贴橡木波丽板

打开
打开

红酒柜抽自身

绿丝麻织

底部贴橡木波丽板

底部贴明镜

底部贴橡木波丽板

部A 底部贴明镜

底部贴橡木波丽板

F:固定层板
S:活动层板

▲ 餐具柜 柜内 立面图

▲ 红酒抽屉柜大样图

2> 多彩线条简洁餐具柜
多彩线条尽显柜体丰采

 DESIGNER SAY
柜体功能性与花哨配色相辅相成

　　屋主三兄弟和父母亲一起在同一栋大楼购买了四套房，我们从他们购房时就开始做改造的设计。三兄弟及父母对空间的需求都不一样，当时我们就针对客户们各自的需求做了不同改造，也将三兄弟的餐具柜做了不同风格的设计。

　　房形属于长条形的居住空间，玄关进来第一个空间就是餐厅，走过餐厅才到客厅。大哥希望餐具柜以收纳功能为重，要有摆放咖啡机和零食的空间，不需要太多的展示空间。听完他们

的想法，我大胆地提出了构想："餐具柜就是进到主空间的第一个视觉焦点，既然不需要太多的展示空间何不试试彩色的柜体设计呢？"提出后其实也很担心，不知道屋主是否可以接受，怕屋主觉得配色太花哨。我解释说这样的柜子造价很高但我不会加价，只要你们让我做就不会让你们失望的！虽然有点自找麻烦但能够实现创意还是很开心。

我希望进门的客人看到这个柜子能发出惊喜的赞美声，因此配色分割的柜体给人的视觉冲击感就是我的构想的主要要素。屋主答应之后，我开始着手搭配木皮色彩的工作事宜，比例分配采用六种木皮分割配色跳贴，在挑选配色上花费了很长的时间，真的辛苦了设计部的同事们。

柜体材质 CABINET MATERIAL
青檀木、安丽格、福松木、柚木集成材、
象牙木、黑檀木、白橡木

设计重点 DESIGN FOCUS
五彩缤纷的条纹木皮成为抢眼主视觉

直纹线条的柜体简洁又缤纷，柚木集成材则为柜体的主色，将上下柜收进 4 厘米的框边加底板，再用不同色彩木皮跳色平接，门扇抽屉采用斜把手。

餐具柜靠厨房一侧采用双门扇收纳高柜，占柜体 1/3，其余 2/3 是上下柜，下柜高度约在 95 厘米，并且规划大、小两种抽屉收纳，包含收纳零食的大抽屉。上柜从约 165 厘米到梁下空间则是门扇收纳，中间空间约 70 厘米，在台面上 50 厘米处设计长条状，浅层板约 15 厘米，深层板可摆放经常使用的杯具。另将上柜的高度定在 165 厘米是担心从走道出来容易撞到头，所以将高度提高，另有一种避免撞到头的设计就是上柜内部缩进 15 ~ 20 厘米。

浅层板约 15 厘米，要避免放置容易摔破的器具。

将上吊柜的高度设定在 165 厘米，不用担心从走道出来时会撞到头。

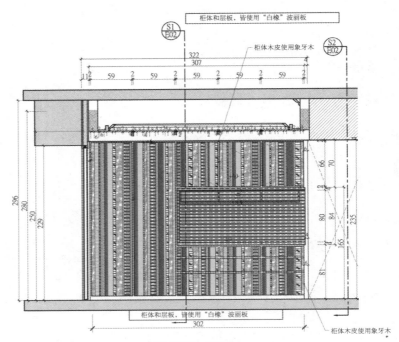

▲ 餐厅餐具柜 立面图

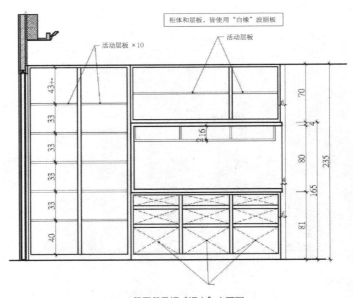

▲ 餐厅餐具柜 "柜内" 立面图

3 > 奢华浪漫餐具柜
华丽的镂空装饰花片赋予空间穿透感

 DESIGNER SAY
浪漫元素只要结合单色就能营造冲突美感

　　女主人以前在加拿大读与设计的专业，结婚后在家教养小孩。她提出她的东西很多，需要更多的地方用作收纳。因此餐厅做成双边柜，靠近厨房这边的是餐具柜。

　　这对夫妻他们对生活有更多的浪漫感，提出用花片装饰门扇，有着花卉与蝴蝶的花片大多数人会觉得太可爱，但我很清楚，我可以处理得很现代、很个性化。通常居家使用黑色系会觉得阳刚，若是将浪漫的蝴蝶花片喷上黑色就能结合现代又华丽的气息。

柜脚靠壁面没有撞到头的困扰,
因此吊柜高度降到 160 厘米。

花片层的镜子,保证柜内的私密
性又使柜子看起来更华丽。

拉抽台可以作
为临时工作台
和置物区。

柜体材质 CABINET MATERIAL
梧桐木喷砂、白橡、花片、喷漆、镜子、嵌饰

设计重点 DESIGN FOCUS
以拉抽台设计弥补工作台面面积小的不足

工作台与收纳台的比例是 1 : 2,工作台下柜也是设计成大小抽屉的收纳。工作台放在厨房入口处更方便使用,上柜的转角紧靠墙壁,没有撞到头的可能,于是柜的高度就降到 160 厘米。工作台面较小,台面下方多做一片拉抽台,补足工作台面面积略小的问题。

采用整体风化的橡木上自然的纹路搭配 2/3 的黑色喷漆与 1/3 黑色花片做门扇表面,而内底面是镜子,镜子的反射让黑色的花片有着低调奢华。工作台的上边用了几片小的瓷砖点缀,黑色多了优雅的感觉,而四边框喷黑漆,对应着风化橡木纹路,柜体呈现出华丽风且又有橡木的质朴感,使得柜体营造出另类而矛盾的特殊风格。

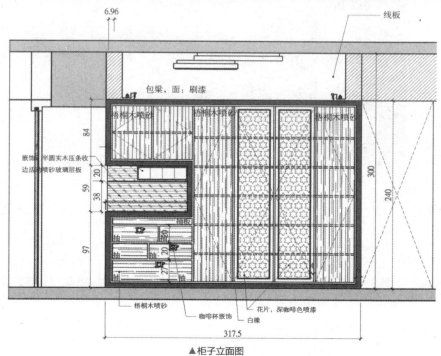

▲柜子立面图

希腊乡村风餐具柜
以主体色彩取胜的清爽视觉感

 DESIGNER SAY
梁柱与柜高的平衡也需在设计时考虑

　　在此案例还是预售时，我便与他们夫妻俩开始讨论空间的安排，太太希望有一间更衣室，因此我建议将客厅的位置往前移到原本餐厅的位置，而餐厅往后放，退移到原本儿童房的位置，厨房门也改变方向，从左边改到右边。至于原本的客厅留给书房，两个儿子又睡在同一间房，公共开放空间因此变大。

柜内有镜子反射达成放大柜内空间，增加深度的视觉效果。

　　电视墙是餐厅与客厅的分界点，女主人的个性活泼并且喜欢乡村风，我思考空间氛围后与她沟通保留一些乡村元素并加了异国色彩。这餐具柜右方有个横梁，梁的高度会局限餐具柜，但女屋主还是希望能多些展示空间使用。最后我提案以蓝、白喷漆和橡木搭配出以希腊蓝为主线条的尖斜屋顶柜体，还能演绎出乡村风的简朴与清爽。

 柜体材质 CABINET MATERIAL
梧桐喷砂、喷漆、明镜、嵌饰

设计
重点 **DESIGN FOCUS**
柜内的镜子产生空间透视及深度延展

主要柜体设计分成三等分,两边为双开收纳高柜,上方保留展示空间而底面采用镜子让空间有延展性。中间三角形的顶部设计,空间出现拉高的效果,上柜是门扇式的展示柜有着乡村风的风格,中间是工作台面,下柜做成抽屉收纳。

柜体采用梧桐喷砂木皮,门扇嵌上美丽的嵌饰让门不单调,三角尖形教堂式的屋顶、台面、柜体的框边用希腊蓝的喷漆让柜体从整体中跳脱出来,工作台台面的白色喷漆对应蓝色柜体有着异国风味的质感,只要掌握主配色的方向要营造风格就成功了一半。柜子的把手突显出乡村风味,柜内有镜子反射使得柜子质感更好又不会有压迫感,达成放大柜内空间、增加柜体深度的视觉效果。

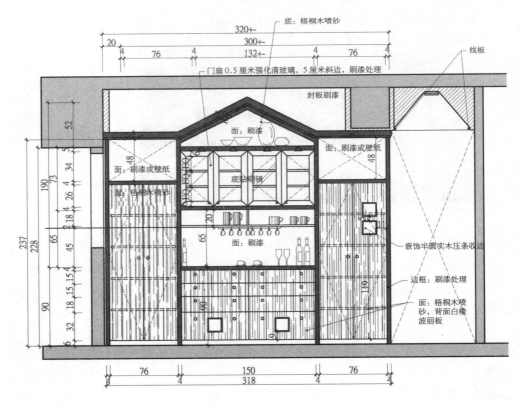

▲ 柜子立面图

5 > 美式乡村风餐具柜
考量房屋结构与灯光配置就是成功的设计要素

设计师说 DESIGNER SAY
系统餐柜也能成为家中美丽的风景

　　屋主是从美国回来的年轻夫妻，他们喜欢也更习惯美式的乡村风。这餐具柜的风格想法，是我在国外的设计书中看到的，我很喜欢这种柜子的色彩搭配，经我修改后给屋主看，他们也很喜欢这种风格，因此得以一次定案。

　　此屋的大门开在中间，开门后左边是客厅，右边是餐厅，餐具柜就成了餐厅的端景，一般来说少见有这么大的空间可做大餐具柜。屋主在整体空间中并没有做很多的柜子，因为他们喜欢变动家具，这样就能随着心情改变位置。餐厅的右边壁面使用了白色文化石，突显出乡村风的基本元素；而木地板、木皮造型的天花板，让整个空间弥漫着浓浓的美式乡村氛围。

CABINET MATERIAL
柚木集成材、线板、喷漆、镜子

DESIGN FOCUS
低色温照明与乡村风格餐柜组合出温馨的用餐空间

展示柜内底部使用玻璃增加空间穿透感。

柚木集成木皮作为工作台面强化乡村风的印象。

柜体分为上下吊柜，三柜中间的柜体突出双边，顶边收线板，抽屉、门扇都用线板捆边增加柜体细致度。柚木集成木皮做工作台面，吊柜两边是门扇的展示柜，展示柜内底部用玻璃将外面的景致映照在内，像一幅活的流动图。中间的开放式层板也突出对应下方的柜体，下面的收纳柜分割成抽屉、门扇，横线直线的比例则让下柜有了变化。整个柜体加上灯光的搭配点缀多些层次，柜体中间的台面用柚木集成材，让整体的现代乡村风更为强烈。

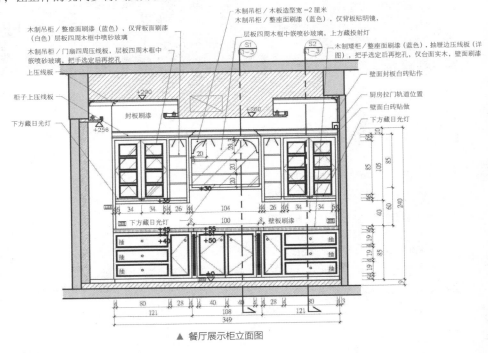

▲ 餐厅展示柜立面图

6 > 画作满屋的缤纷餐具柜
让柜体成为装潢风格的一部分

 DESIGNER SAY
中性色彩搭配对比色彩就不容易出错

　　屋主夫妻在购屋时请本公司先设计，当时是公司设计师处理的，完全以客户的想法规划设计。完工后我去查看空间配置时感觉出了问题，于是我又请屋主前来重谈。我告诉他们每间房间都有更衣室不一定会使用方便，而且会让空间变小，请让我重新帮你们配置，因是公司的疏忽不会再另收设计费，他们接受我的建议，此案才开始重新规划。

门板柜内以活动式层板收纳为主。

规划其中一个为展示柜,柜内
设置投射灯让展示品更耀眼。

　　此餐具柜以收纳为主,它在进门对面走道的位置,整个柜体我只留一小格做成展示柜,其余都是收纳柜。当时我已有计划的使用壁纸当表面材料,所以在规划时,将分割的方形边框都以子弹形线板收边将壁纸包在中间,让柜体不会因使用而让壁纸破损。

　　回想起当时要贴壁纸时,我订了15种壁纸来选择搭配。当时屋主夫妻和他们父母都到现场了,我感到压力很大!最后决定使用七种壁纸拼贴,心想如果失败再拆就尴尬了啊!还好最终成果一次成型,屋主也感到满意。

 CABINET MATERIAL
壁纸、喷漆

设计
重点 DESIGN FOCUS
单格展示柜让餐具柜视觉达到留白效果

　　以白色喷漆作为柜体底色,成了壁纸的边框。再用红、黑、绿、蓝的壁纸连接成一幅独特的画作,混搭的设计风需要注意色彩搭配比才不会感到太花哨。柜内都是以活动层板作收纳,经常使用的用具可以摆放在下层,几星期才使用的补充备品则存放在上层比较好。

摆上小型植栽与花瓶，让整体感觉协调，宛如一幅美丽的画。

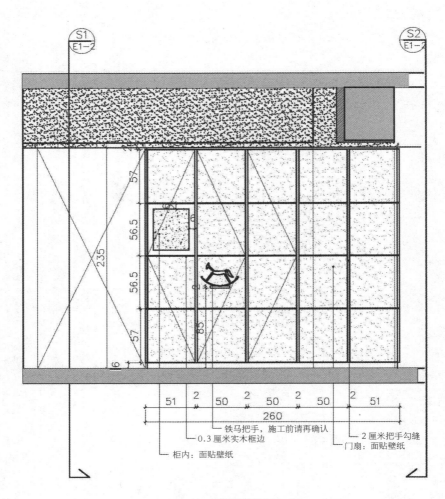

▲ 走道展示柜立面图

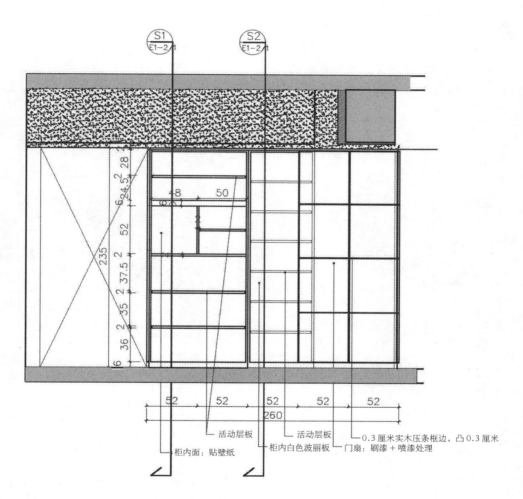

▲ 走道展示柜剖立面图

7 > 线条简单温润的餐具柜
简洁中彰显个性的柜体质感

门扇以胡桃木木皮拼贴而成。

抽屉柜以橡木皮做成。

柜高 280 厘米突显餐柜气势。

设计师说 DESIGNER SAY
以深色圆弧增加柜体独特性

　　屋主从事科技业，先生酷酷的话不多，太太却很亲切，当时他们表示希望多些收纳空间，风格简单具有现代感即可。我规划时构思很久要如何做到简单却不单调，有句话叫"简单最难"，想了想决定用不对称的圆弧做出造型。考虑到餐厅的两边都有柜体，因此两边的柜体该有连接性，我用圆弧的切面做成连接，而这柜体的高度在 280 厘米左右，因为高度让空间变得很有气势；但也因为高度，上方的空间不好使用，于是我采用单扇横拉门让柜子方便收纳与展示。

柜体材质　CABINET MATERIAL
瑞士橡木木皮、乔木木皮

设计重点　DESIGN FOCUS
活动式拉门设计放大柜子的实用性

　　橡木与胡桃木是对比色系，整个柜体材质以橡木为主，整体的线条简单利落，胡桃木用做造型拉门，装饰柜体两者搭配有简单的线条也有独特性，加上低色温的黄光让利落的现代风格中充满着温暖的氛围。下方为抽屉收纳，工作台以上设计成门扇及拉门，当拉门在右边时台面可以放咖啡机或厨房用具，不用时就将拉门往左靠，需要使用时再将拉门往右移。

　　设计当时考虑可能会有电器导致的热气问题，所以左右两边设计成圆弧形，不只是造型也是通风区。拉门上方还有高低不一的直线条，当拉门靠左时柜内的灯光会从线条孔缝中隐约透出光，以增添柜体设计感。

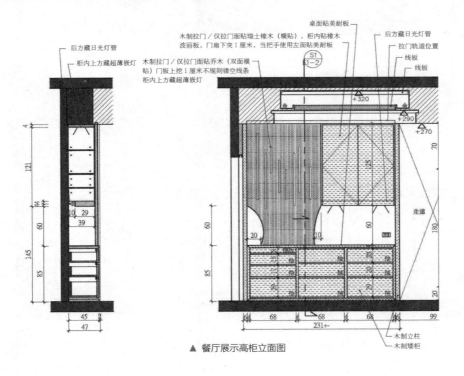

▲ 餐厅展示高柜立面图

8 > 完全功能性的厨房电器餐具柜

在设计中看见永续功能性

高度为 40～80 厘米的拉抽式抽屉，电饭锅会放在上面，使用时拉出避免蒸汽留在柜内。

预留垃圾投掷口15 厘米。

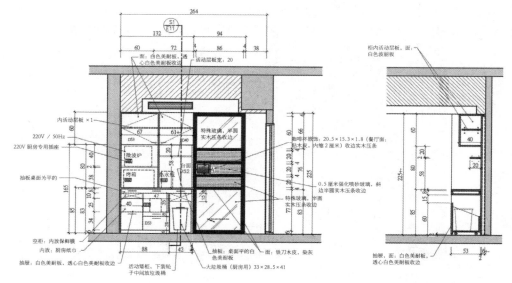

▲ 厨房电器柜和拉门立面图

注：电器柜——所有门扇和抽屉面为白色美耐板收边皆用透心白色美耐板收边。

DESIGNER SAY
依需求定制的电器餐具柜

此柜设计是为了补足厨具不完整的功能电器柜，让女主人在厨房使用时更能得心应手。

CABINET MATERIAL
美耐板

DESIGN FOCUS
需考虑使用电器时的柜体散热设计

柜体分成三个部分，下柜又分为三个部分：右边放垃圾桶的拉抽柜，上方预留垃圾投掷口15厘米方便丢垃圾，也能让垃圾桶通风不会产生异味；中间是两个收纳抽屉，上方是拉抽式的电饭锅放置区，平时收纳电饭锅，高度在40～80厘米，煮饭时再拉出使用，避免蒸汽留在柜内；最左边是深柜可收纳厨房用品，如餐巾纸及清洁用品等。

中间部分分为两区，左边分为两层，下方放烤箱（烤箱的温度较高，最好不要放太高以免危险）高度80～125厘米，上方放置微波炉。另一边则是台面可放置热水瓶或咖啡机、果汁机等。台面上方做浅层板15厘米，可放茶叶、杯具等。在台面下方做一拉抽有时可放置做饭时所需的食材或放煮好的食物，以补足厨房放置的空间不足的缺点。

电器柜建议使用耐热防刮的美耐板作为基本材料

特别说明，家中厨房属于长条形时可做这样的电器柜，若走道空间不到 100 厘米时并不建议做，拉出台板时反而会影响走路动线。需要注意，柜体不使用木皮和喷漆的原因是考虑到耐久性，这里使用美耐板虽然没有木皮漂亮，但相对来说却很实用，因为美耐板具有防水、耐高温、耐高压、耐刮、防火等特性，是在电器柜中相当耐用的表面装饰饰材。

设计师教你懂 ————————————————————————

排热孔

若是收纳式门板电器柜，由于电器用品使用后会散发热气或水汽，柜门则须设计排热孔，层板与柜门之间也要预留些许空间，才能够让水汽和热气排出柜内。否则柜子内部长期处在潮湿的环境下，柜板很容易发生膨皮或木贴皮脱落的情形。

9> 简单好用的厨房综合餐具柜
餐具柜与地板色系统一，就能营造出一体感

设计师说 DESIGNER SAY
餐具柜与地板色系统一，就能营造出一体感

结合电器柜、工作台、收纳柜的厨房综合柜可说是功能完整。台面可放置果汁机或其他电器，拉抽板可以补足台面放满电器时额外所需的空间。下柜规划垃圾桶、餐具抽屉以及保鲜膜、锡箔纸的位置，电饭锅中间的台面旁放烤箱及上柜的收纳空间。

柜体材质 CABINET MATERIAL
美耐板

垃圾桶的丢入口以高为15厘米为最佳设计。

不使用时推回收好也不影响走路动线。

设计重点 DESIGN FOCUS
抽板工作台成为临时工作台

上层全部都是收纳空间。下柜垃圾桶内分为两区，一般垃圾和回收垃圾，投掷口的上方则是收纳刀叉的抽屉；旁边是放锡箔纸及保鲜膜的空柜，下方则是放厨房纸巾的抽屉；放置电饭锅的地方设计成抽板，使用时拉出，不使用时推回不影响走路的动线。下方规划两个收纳大抽屉，可放不常用的电器。中间台面的上方留20厘米左右的层板，可放咖啡、茶叶和常用的骨瓷杯等，而层板下方还设有挂杯架。

设计师教你懂

柜内的垃圾桶

若厨房里的垃圾桶设计在半高柜内，可达到垃圾不外露的效果。但要注意厨房垃圾桶需为中型尺寸，垃圾桶的丢掷口为15厘米高为最佳，宽度则与抽屉等宽，以免每次丢垃圾都得把柜子拉出来。

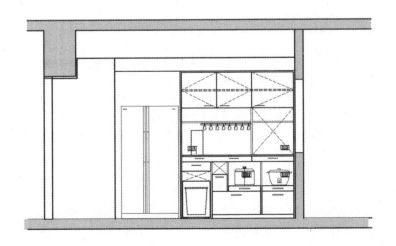

书柜

BOOKCASE

以各种风格取胜的
功能性书柜

1 > 轻盈简约的北欧书柜
柜体展示之余隐藏办公功能

**设计
师说** DESIGNER SAY
书柜上层藏书与展示功能共存，下层则以收纳为主

　　这是对 20 世纪 80 年代出生的年轻夫妻，而且有三只可爱的小狗，男主人从事建筑相关行业，对空间有很好的概念。当时我们在讨论空间时，他不仅尊重我们的专业，还给了我们弹性的空间。我建议他书房采用半开放式，利用拉门让空间可开放、也可密闭收藏。原因是未来有小孩后，你们可以共用这空间，而且它贴近餐厅和厨房，即使妈妈在烹饪时也可以看到小孩的活动情况，他们也觉得这样的建议是符合使用原则的。

　　书房开放时要考虑它的收纳功效与使用的方便性,还要考虑书房与客厅餐厅的连贯性,也需思考整体空间的规划。对于书柜设计,我秉持着"可以看到书,才会想看书"的概念,所以比较喜欢开放式书柜,至少在拿取上都很方便。但在此空间中,书柜就能变成另类的展示空间,而屋主希望还是保留部分的收纳空间,因此我决定以线条为主轴来设计此书柜,下方的柜子都是收纳空间,上方的部分则部分是门扇、部分是展示,让柜体看起来轻盈又有些北欧风的简洁。

柜体材质 CABINET MATERIAL
桧木木皮、贝壳杉

需要配电的位置务必事先提出规划,如:打印机、传真机等。

不规则门板增添柜体的趣味性。

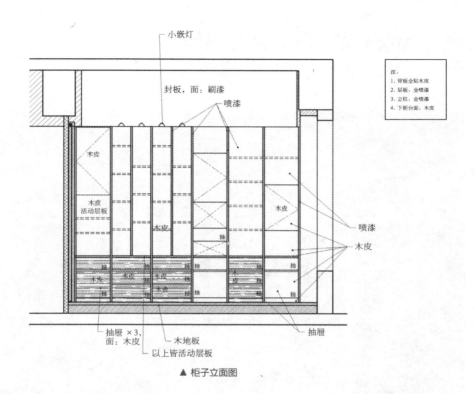

▲ 柜子立面图

注：
1. 背板全贴木皮
2. 屉板：全喷漆
3. 立柱：全喷漆
4. 下柜台面：木皮

设计重点 | DESIGN FOCUS
不规律的门板设计成为另一种书房风景

本柜采用立柱式主轴，因此上方没有顶盖，直接立柱至顶。柜体分为五等分，65 厘米以下规划成抽屉收纳，上方的立柱将空间不等比例地分隔，在不等分的隔间中又以玻璃层板来界定书本的大小分层，最大限度地利用空间。门扇无规律的分散在各立柱间，让门板也能成为装饰。

应先请屋主提出柜体的配电位置

整个柜体的立柱使用白色喷漆，底面、门扇及抽屉则使用木皮，这样的施工方法造价偏高，因为喷漆就需要两次加工，加上底部贴木皮，因此会比纯木皮的柜体花费的时间要更多些。此外，设计师要提醒屋主在制作书柜时，必须将功能性纳入考虑，例如：打印机的位置等。因为这与配电有关，需要事先将配电位置画出来，所以屋主一定要事先提出，避免事后配线工程难以进行。

2 ﹥ 线条分明的高功能性书柜
一体化材质打造系统书柜高标准质感

设计师说 DESIGNER SAY
以大小分格来收纳尺寸不同的书籍

这是一个全家共同使用的书房,父母和已上学小孩共享的空间。屋主希望空间里能多放些书,不同开本的书都能分类放好,可以更好地节省空间。整体规划时,我预留了一些可活动的空间,下方的大抽屉可放属于父母的工作档案,最下方的空格可放大型画册、书包及学校用具。

柜子上方小部分作为收纳,其他大部分作为开放书柜。书桌规划了两个座位,方便父母与孩子一起使用。而另一边的书桌旁,规划两个抽屉用来放置打印机或其他与电脑相关的设备,并预留出电脑与相关设备的电源连接口。这是在规划当初,屋主就必须精确地告知所有用电需求,才能规划出最适合全家人使用的功能性书房。

拉抽台用来放置打印机或其他电脑相关设备。

每一格柜内深度约 40 厘米，摆书之余前面还有空间可放展示品。

柜体材质 CABINET MATERIAL
西卡蒙木皮、黑檀木皮、胡桃木木皮

设计重点 DESIGN FOCUS
柜深决定展示与收纳的价值

　　此书柜设计以开放式层板为主，色彩则以染白的橡木加上黑檀木为主。柜体又分成九宫格，并在每个分隔当中做出不同的变化，用以将各式各样的书籍间隔开来。每格书柜的深度约为 40 厘米，书籍的前面还能多些空间放置一些小型的展示品，让书柜不只能放书

还能增添些生活化的气氛。整体的书柜呈现现代又温馨的格调，橡木染白与黑檀木是对比极强烈的搭配。底板部分采用部分跳色，因此有了深浅的层次感，如此的配色让整个柜体显得干净又简洁。

规划书桌，是为了使家庭两位成员可以共同使用，但是桌面拉长的话还需注意承重问题，施工时要先与木工讨论结构及如何加强承重的问题，且设计师须先告知屋主这个桌面不能重压一定要小心使用。或许你会问：为什么不在桌下加入立柱呢？因为为了将书桌的使用空间放大，我们在此不使用多余的立柱以免局限书桌的使用空间。

设计书桌空间时需预留电线槽的空间

书桌前面加上了线槽，可连接一旁的打印机及电脑相关设备，这需在装修时就事先规划出才能避免使用时满桌都是延长线的窘境。这几年我在规划书房时都会先告知屋主要预留一些空间来放连接电脑的插座（有开关的延长线），因为以后会比较方便。若是全做壁面插座造价并不便宜，而且壁面放一排插座也不美观，但还是尊重个人使用习惯。

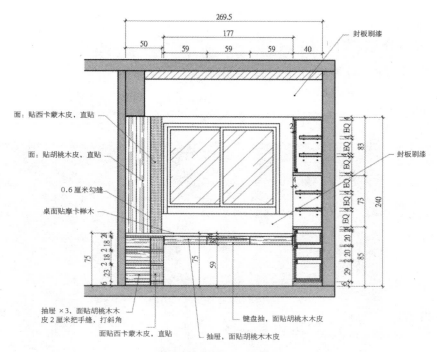

面:贴西卡蒙木皮,直贴

面:贴胡桃木木皮,直贴

0.6厘米勾缝

桌面贴摩卡榉木

封板刷漆

封板刷漆

抽屉 ×3,面贴胡桃木木皮 2 厘米把手缝,打斜角

面贴西卡蒙木皮,直贴

抽屉,面贴胡桃木木皮

键盘抽,面贴胡桃木木皮

▲ 书房书桌立面图 S:1/30 厘米

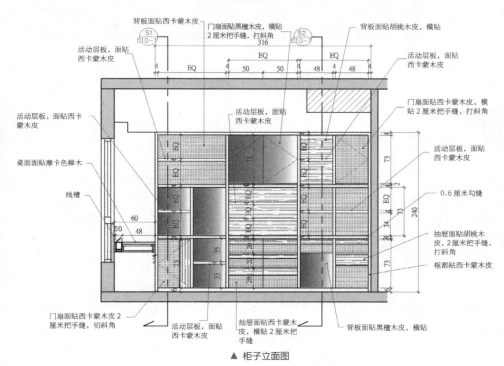

背板面贴西卡蒙木皮

门扇面贴黑檀木皮,横贴 2 厘米把手缝,打斜角

背板面贴胡桃木皮,横贴

活动层板,面贴 西卡蒙木皮

活动层板,面贴 西卡蒙木皮

活动层板,面贴西卡 蒙木皮

桌面面贴摩卡色榉木

线槽

活动层板,面贴 西卡蒙木皮

门扇面贴西卡蒙木皮,横 贴 2 厘米把手缝,打斜角

活动层板,面贴 西卡蒙木皮

0.6厘米勾缝

抽屉面贴胡桃木 皮,2 厘米把手缝, 打斜角

框都贴西卡蒙木皮

门扇面贴西卡蒙木皮 2 厘米把手缝,切斜角

活动层板,面贴 西卡蒙木皮

抽屉面贴西卡蒙木 皮,横贴 2 厘米把 手缝

背板面贴黑檀木皮,横贴

▲ 柜子立面图

151

3 > 乡村风情中有着现代质感的特色书柜

跳色框架,斜立板分割,乡村风增添个性

复古把手是构成乡村风不可或缺的元素。　　　　　　活动式斜立柱可以自由区隔空间。

风化橡木做出勾缝,设计强化乡村风的感觉。

设计师说 DESIGNER SAY

上下收纳可减少清洁频率

　　图例中的书房规划在家中处在采光最好的位置,是将原本客厅的位置留给了书房,可见屋主对小孩教育的重视。书房与客厅采用了半开放式,书房紧邻客厅,而书房则是半开放式。女屋主希望书柜也有收纳功能,如果客人走进来才不会觉得一片凌乱,所以规划之初就确定上下以收纳为主、中间为展示空间。

　　我常帮客户设计这样的书柜,因为会摆在书柜上层的书一般都是阅读频率不高的书籍,虽然门扇收纳不易积灰尘,但加装门扇之后,常常会忘记里面放了什么书,这就是设计的两难。以往我总说服客户做开放式书柜,认为"书要看得到才会想看",但现在大多数人会认为有门扇真的会减少很多打扫整理的时间。我认为好收、好放、好整理才是做书柜设计的最终目标。

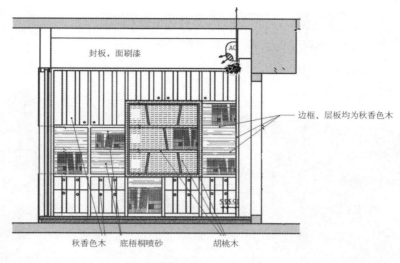

▲ 柜子立面图

框架跳色不规则的斜立板是乡村风格中显现现代感的要素

现代化的乡村风书柜必须与乡村风风格关联才会有整体性。书柜勾缝的处理则有乡村风篱笆的感觉，中间以胡桃木材质作为对比，分隔的斜立柱则增添书柜的现代感，立柱设计都是偏乡村风格的，复古把手更是乡村风不可或缺的必要条件。最近比较流行约 2 厘米的薄立柱，能够呈现书柜的朴实厚重感又带出现代化不协调的元素。

 CABINET MATERIAL
秋香色木、胡桃木、梧桐喷砂

 DESIGN FOCUS
活动式斜立柱增加更多实用性

秋香色直纹 4 厘米是柜体的骨架，门片则是梧桐喷砂木皮板，中间嵌入胡桃木层板，柜子中间的层板涨出整个柜体约 2 厘米，这让柜子多了立体感。整座书柜都采用入柱设计，框边与门扇齐平，梧桐喷砂木皮面板留出大小不一的勾缝增添乡村风的感觉。此外，所有的开放层板都是活动式，可依照需求调整高度以增加实用性。

简约却不简单的功能性书柜
柚木集成材——实现古典稳重的素材

 DESIGNER SAY
展示与收纳功能并重的好用书柜

这是谁家的书柜？真的能放这么多书吗？看到此书柜的人第一个反应都会忍不住惊呼。这样图书馆等级的书柜，源自于屋主夫妻俩很喜欢墨西哥风格，书柜也想要融入异国风情。

我思考过后跟屋主夫妻讨论沟通，他们接受建议采用柚木集成材，但希望小孩的书可以横放让空间扩大，使小朋友可以一目了然地看见书本。当时的我一直觉得这样可能会浪费空间，但在屋主的坚持之下我也提出了备案，我坚持书柜一定要设计有抽屉的，这样可收纳杂物，而这样的书柜并不一定要塞满满的书，它可以当成展示柜使用。经过多次讨论，屋主也提供了许多经验作为参考，于是我们共同完成这个方便好用的书柜。

拉板放下后成为书籍展示区，也适合摆放艺术风格强烈的作品。拉板不用时收齐，后面就是书籍收纳区。

 CABINET MATERIAL
柚木集成材

 DESIGN FOCUS
可掀式层板跳出制式化设计，让书柜更好看

整座书柜都是柚木集成材制成，给人稳重却不单调的高贵质感，而且木材是永远流行的素材，我个人也很喜欢。

整体以立柱作为分隔，立柱与立柱间有些不同，两边的柜体宽度约80厘米，中间的部分因为想要让书横放故将柜体的表面高度做大，虽是横面放书会浪费空间，但摆书的层板是可掀开式的，让书后也有藏书的空间。中间的三柜当中有一个柜体做了不同分隔，整个柜体不会制式化，而且特别在不同的分隔中加入灯光点缀，柜子更有亮点。

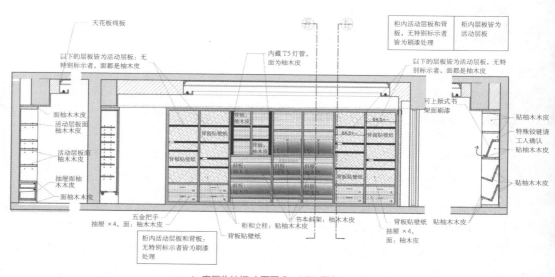

天花板线板

以下的层板皆为活动层板；无特别标示者，面都是柚木木皮

内藏T5灯管，面为柚木木皮

柜内活动层板和背板，无特别标示者皆为刷漆处理

柜内层板皆为活动层板

以下的层板皆为活动层板，无特别标示者，面都是柚木木皮

可上掀式书架面刷漆

面柚木木皮

活动层板面柚木木皮

背板贴壁纸

背板柚木木皮

活动层板面柚木木皮

抽屉面柚木木皮

面柚木木皮

斜板柚木木皮

背板贴壁纸

背板柚木木皮

斜板柚木皮

斜板柚木木皮

64.5←

背板贴壁纸

背板贴壁纸

贴柚木木皮

特殊铰链请工人确认

贴柚木木皮

贴柚木木皮

抽屉×4，面：柚木木皮

五金把手

柜和立柱：贴柚木木皮

背板贴壁纸

书本斜架：柚木木皮

柜内活动层板和背板：无特别标示者皆为刷漆处理

背板贴壁纸

抽屉×4，面：柚木木皮

贴柚木木皮

▲ 客厅收纳柜 立面图 S：1/30 厘米

5 > 充满创意的另类书柜
横层板 + 柚木纹书挡，功能性中见巧思

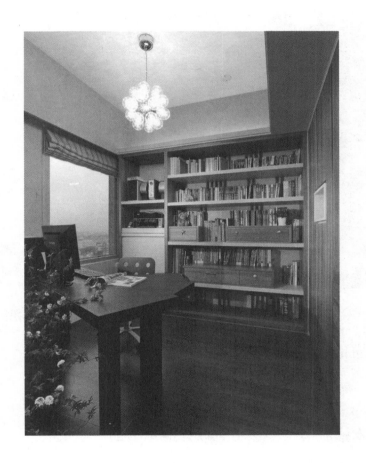

设计师说　DESIGNER SAY
用风格创意解决层板书柜的缺点

　　此案例以横层板为主轴的设计，是我较少采用的方案。对我而言这样的设计有一点儿自我否定的嫌疑，但是看别人做层板设计时总想要尝试看看。虽然我知道横层板的缺点，书本太多倒下来难以扶正，如果高度无法调整的话会有空间闲置的问题，所以我在设计时一直思考突破难题的方法，终于在翻书时灵感中激发出新的创意。

整个柜体以橡木层板构成,4 厘米厚
的层板才有足够的支撑力摆书。

海洋风把手让书柜少
了无趣多了玩心。

 柜体材质 CABINET MATERIAL
安丽格木皮、胡桃木皮

 设计重点 DESIGN FOCUS
柚木抽屉书挡——巧思设计避免书倒

　　书柜以横层板为主。层板材料都是橡木,底板上加立柱宽 2 厘米、深 4 厘米的柚木木条当成书挡,从正面看也是装饰。此外,层板与层板间拉大距离,中间的抽屉也是另类书挡,抽屉上面规划排列一般书本的空间,抽屉与抽屉之间放置大开本的书。框边是柚木木皮,层板是橡木木皮,两者都是宽 4 厘米才有足够的承重力,中间的抽屉是柚木直纹材质,加上海洋风的把手点缀,简约中又带有质朴的美感。

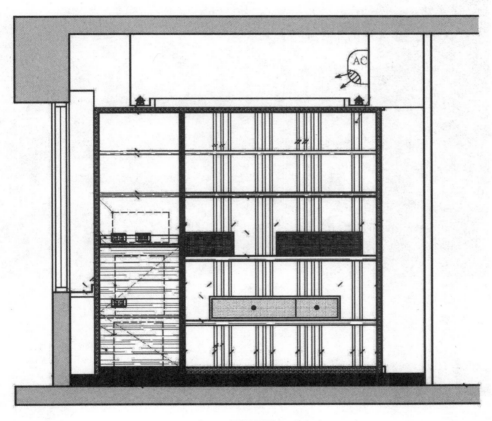

▲ 柜子立面图

亲子同乐合家欢的多样化书柜
活动式书桌让书房空间不再局限

 DESIGNER SAY
混搭木皮让书房亮了起来

规划此书房时，屋主的孩子们还是5岁和2岁的两个幼儿，男屋主希望有自己独立的书房，回到家时可以安静地处理一些公事，不受小孩的干扰。但我觉得书房可以亲子共享，在父亲不用时还能当成小孩游戏室和阅读的空间。并且考虑到未来小孩上学后，请家教时也能利用书房来上课，所以规划时跟屋主夫妻深谈，他们接受建议将书桌规划成活动式，一家人可以一起使用书桌，也可以将书桌往后拉，使书房空间变大，增大儿童的游戏空间，成为功能型的书房。书柜以双色搭配加入我擅长的多色混搭木皮，让书柜在书房中起了画龙点睛的功效，以免过于死板。

CABINET MATERIAL
柚木

桌角的轮子方便书桌移动。

设计让书桌可沿着轨道移动，让书房空间不再局限。

设计
重点　DESIGN FOCUS
运用对比色系设计不呆板

双色搭配中以深浅搭配是最为常见的做法，只要决定好对比色系就能营造带有冲突的美感，举例来说：咖啡色系与灰色系就是平时不会放在一起搭配的色系，咖啡色是暖色系、灰色为冷色系，但我采用两者的中间色，因此视觉上是协调的。

整座书柜以灰色为主色，搭配柚木穿梭其中。立柱是灰色，中间层板就是柚木，立柱是柚木，层板就是灰色，如此的交错搭配营造柜体的层次感。桌子嵌于书柜里，利用轨道及桌脚的轮子让书桌可以沿着书柜移动，桌脚的轮子也可以达到固定桌子的效果。

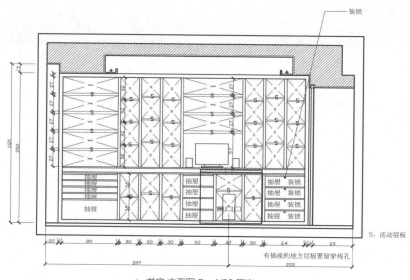

S：活动层板

有插座的地方层板要留穿线孔

▲ 书房 立面图 S：1/30 厘米

7 > 位于多功能空间当中的书柜
让小空间收纳更有效率的功能规划

设计
师说 **DESIGNER SAY**
多元规划方式符合现代小住宅的需求

此书房的另一个名字是客房，屋主觉得家中藏书很多需要有书房存放，也要有两个人可以一起使用的书桌，但是客人来时也希望能当成客房使用。这个任务有一定的难度，毕竟在小空间内要完成各种功能性实在是一个不小的挑战。

回到办公室着手规划时，才觉得这样的书柜设计真的很难，最终靠着同事与施工方的配合，顺利完成了艰难的任务。因为房内空间不够，所以书桌的桌面偏小，但还是可以让两个人同时使用，且充分利用卧榻当作座位，拉出的书桌下方也有抽屉收纳。此设计并不是将书桌放入书柜内就成为客房，而是让卧榻平时也能变身休闲空间，多元的规划方式才符合现代人所需。

活动式书桌搭配卧榻完成
一个省空间的办公区。

桌角配置轮子方便使用。

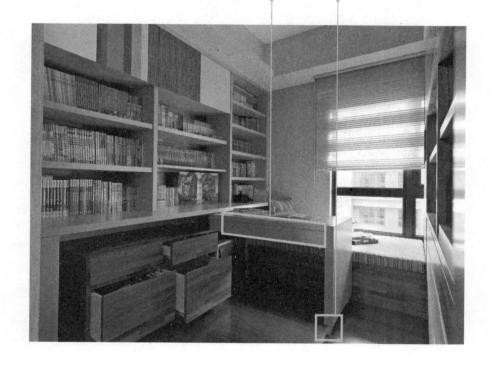

柜体
材质 CABINET MATERIAL
青檀木、安丽格、福松木、柚木集成材、象牙木、黑檀木、白橡木

设计
重点 DESIGN FOCUS
活动式书桌需要再三确认五金的角度与位置

　　中间书柜与下柜采用双色搭配，而上层收纳柜则与客厅的柜体色系以不对称的跳色手法相呼应，表现出了整体效果。可活动式拉出的书桌没有浪费书柜的收纳空间，但在施工时，书桌转出的五金与角度需要再三确认，添加轮子会使得桌子可以更方便使用，承重力也更好。

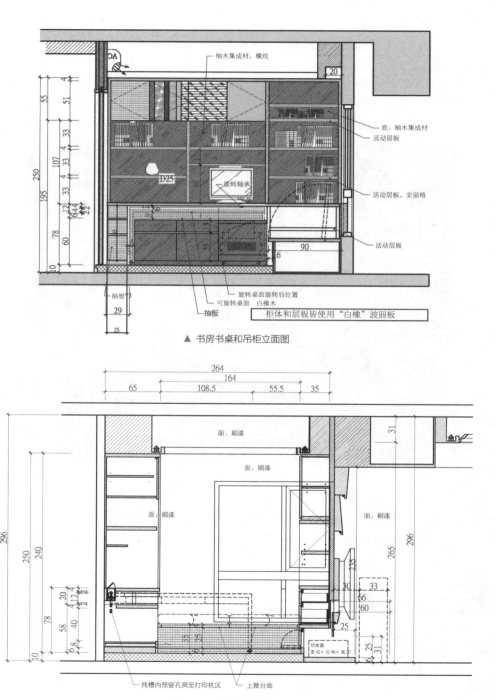

柚木集成材,横纹

底:柚木集成材
活动层板

活动层板,安丽格

活动层板

20

D25

旋转轴承

旋转桌面旋转后位置
可旋转桌面　白橡木
抽板

柜体和层板皆使用"白橡"波丽板

抽屉

▲ 书房书桌和吊柜立面图

264
164
65　108.5　55.5　35

面:刷漆
面:刷漆
面:刷漆
面:刷漆

296
250
240
296
265
235

功放器
宽42×长46×高50

线槽内预留孔洞至打印机区　上掀台面

▲ 柜子立面图

8 > 色彩缤纷的小男孩书柜
门扇、层板和抽屉的设计让柜体增添趣味性

 设计师说 DESIGNER SAY
下层的收纳柜方便小孩坐下阅读时拿取

此案例是男孩房间的书柜，就学的孩子所需要的书柜要有较多抽屉，可多收纳一些学习用具。女屋主担心小孩懒惰不会整理，因此希望书柜都是抽屉和门扇，但我建议因为小朋友才是低年级，他们会习惯坐在地上阅读，所以应该保留下柜一些开放空间，还可放书籍及用具。重点是中间的层板书架上多加了中间的书挡，做成造型书挡让书柜增加了许多趣味性。

柜体材质 CABINET MATERIAL
美耐板

设计 重点 DESIGN FOCUS
四色交错让柜体更缤纷

柜体以白色美耐板为主，底面中间则是灰色美耐板，上柜以收纳为主，上部分的柜体搭配白色、咖啡色与灰色，下层柜体采用橘色作为底色，再搭配咖啡色与橘色的抽屉，以四种美耐板交错让书柜呈现缤纷的感觉，主色的中间色系让整个柜体充满现代美。

整个柜体以耐撞、防刮的美耐板打造，更方便清洁。

针对习惯席地阅读的孩子，特别设计层板收纳区，让孩子在阅读时也能好收好拿提高读书的概率。

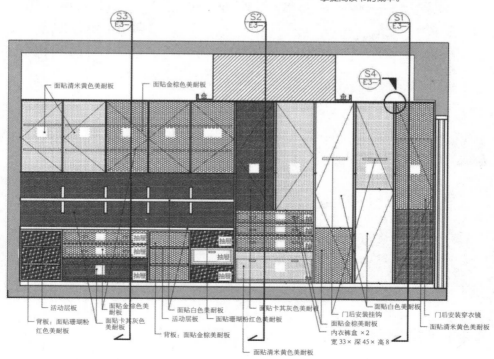

▲ 柜子立面图

使女人疯狂的收纳空间

 善用分类收纳让衣柜更整齐

想想你的衣柜内真的只是收纳衣服吗？它的内容该是包罗万象吧，除了衣服之外，一定有丝巾、袜子、帽子、背包、床单等。现在很多居家设计也会将保险箱嵌入，但你的衣柜空间能有多大？这就是大家现在的难处，我们很难算出一个人该拥有多大的衣柜才够用，这也是我的困扰，因为衣柜再大永远都不够用！衣柜在有限的空间中，只能靠分类收纳来处理；但一味地收纳并非是万能，如果衣服买得再多却不养成定期整理和分类丢弃的习惯，即使再大的衣柜还是不免落入衣柜爆满杂乱的下场。

 整理和丢弃都是收纳习惯的一环

要拥有一个清爽的衣柜，请审视衣柜内是否有三年未穿的衣服，而这些衣服就可考虑送人或回收。好好思考必须要留下的和必须丢弃的内容，在整理的过程中会对自己的穿衣风格更加明确，可以进一步避免下次冲动购物的行为，也不会再发生找不到衣服的情况，系统化地整理就能让衣柜产生最大功效。

1 > 质朴复古的衣柜
利用盖柱手法实现当代设计

柜体以竹编感壁纸拼贴而成,材质中含
有竹丝会有收边不全的问题,一定要在
贴完壁纸后用实木压条收边保持完整性。

设计师说 DESIGNER SAY
利用盖柱手法实现当代设计感

　　女屋主希望将主卧室中能做衣柜的空间都做满衣柜,因为她觉得衣柜空间永远都不够用。在规划沟通时我建议衣柜分成两个部分,因主卧室的空间是长条形,浴室在床的后方,在规划衣柜空间分配时,将男女主人的衣服分到两边的衣柜,面对床的大衣柜留给女主人,靠浴室的衣柜留给男主人。男主人的衣柜中间设计成门扇,左右两边则是上面为门扇、下面抽屉。靠近浴室门边的抽屉,另规划成男女主人放置贴身衣物的柜位,方便进出浴室时拿取。

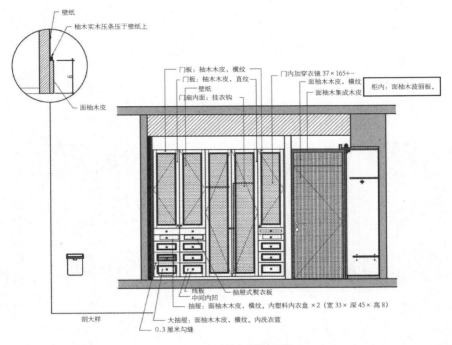

壁纸
柚木实木压条压于壁纸上
面柚木皮
剖大样

门板：柚木木皮，横纹
门板：柚木木皮，直纹
门扇内面：挂衣钩
壁纸

门内加穿衣镜 37×165+–
面柚木木皮，横纹
面柚木集成木皮

柜内：面柚木波丽板。

线板
中间内凹
抽屉：面柚木木皮，横纹。内塑料内衣盒×2（宽33×深45×高8）
抽屉式熨衣板
大抽屉：面柚木木皮，横纹。内洗衣篮
0.3厘米勾缝

▲ 主卧室衣柜立面图

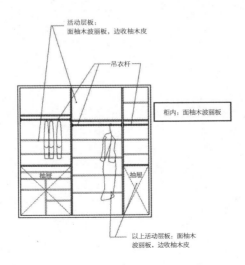

活动层板：
面柚木波丽板，边收柚木皮

吊衣杆

柜内：面柚木波丽板

抽屉
抽屉

以上活动层板：面柚木
波丽板，边收柚木皮

▲ 主卧室衣柜内部结构图

169

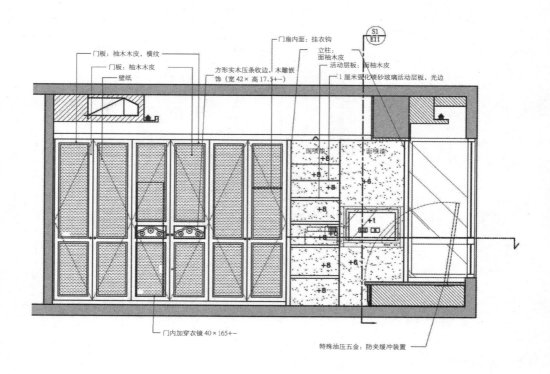

▲ 主卧衣柜

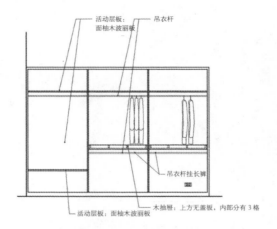

活动层板：
面柚木波丽板　　吊衣杆

吊衣杆挂长裤

活动层板：面柚木波丽板　　　木抽屉：上方无盖板，内部分有 3 格

▲ 主卧衣柜内部立面图

柜体材质 CABINET MATERIAL
柚木直纹、壁纸

设计重点 DESIGN FOCUS
选用风格壁纸时也需注意收边的问题

　　此案采用 "盖柱"的设计，什么是盖柱？就是在柜体本身看不到立柱，只看到门扇与抽屉，呈现出现代、简洁和利落的设计感。整个柜体不论门扇、抽屉都以柚木当框边、中间贴上壁纸，特选有竹编织感的壁纸，但这类壁纸有收边不全的问题，因为编织感材质中含有竹丝，故剪边不会是整齐的，一定要在贴完壁纸后再用实木压条收边才会显得完整典雅，使整体柜子充满质朴的感觉。此柜也适合搭配较古典或乡村风的把手，让柜子增添优雅的风情，历久弥新又独树一帜。

2> 美耐板也能创造缤纷衣橱
以淡彩和美耐板搭配出最完美的儿童房衣橱

**设计
师说** DESIGNER SAY
中性色彩搭配也能很活泼

　　当时规划设计时，屋主还是新婚，此为预留的儿童房，因此我建议只将衣柜制作出来其他空间保留，因为当孩子还小的时候这个空间可以先充当客房，而衣柜可以暂时让女主人当成换季收纳用。考量到未来的小孩性别还是未知，必须采用一个不受使用者性别拘束的中性设计，让全家人都可以共同使用的衣柜，因此柜体很简洁，只运用三种淡彩让柜体呈现活泼明亮的感觉。

考量到新婚夫妇未来的小孩性别未知,
衣柜的颜色在设计上由三种中性色彩
组合。并以耐撞、防刮的美耐板做成,
不怕小孩玩耍时撞坏柜子。

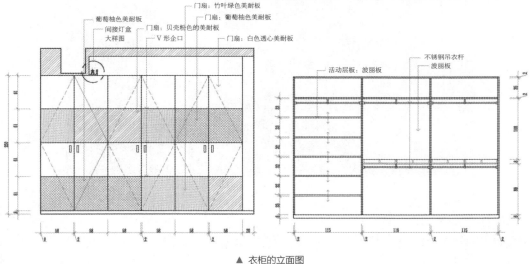

▲ 衣柜的立面图

柜体
材质 **CABINET MATERIAL**
美耐板

设计
重点 **DESIGN FOCUS**
全家人都可以使用的衣柜

　　整个柜子的门扇材料都是美耐板,一是因为美耐板耐撞、不易受损适合儿童房使用,
二是它的颜色缤纷。柜体以白色为基本色搭配橘色、绿色、黄色做成跳色处理,未来小孩
不论男女在这空间都不会有不适合的问题,让整个空间呈现爽朗舒适的氛围。

3> 不对称的跳贴呈现出个性化的衣柜
双色木皮搭配打造不凡品味

 DESIGNER SAY
推翻普通柜体规划，制造收纳惊喜

　　这衣柜刚开始设计时，屋主表示希望能在衣柜内放置音响，她喜欢在房间内听音乐放松自己，所以将整个柜体分为三个部分：①门后的衣柜是衣服收纳；②中间衣柜也分三个部分，上柜是门扇收纳，中间分为两个区，音响是上下掀柜、左边是小物收纳，下柜则是贴身衣物及需要折叠衣服的收纳柜；③右边衣柜上方可挂衣服，下方有皮包的收纳柜，同时也是床组的收纳空间。

CABINET MATERIAL
安丽格木皮、胡桃木木皮

设计
重点 DESIGN FOCUS
音响柜结合衣柜的使用设计

双色搭配让柜体不再单调，整个柜体采用斜把手设计，以六分缝当把手（六分即 1.8 厘米）。橡木直纹只有线条辅以柚木山形纹，两者用跳贴的不对称贴法，让柜体活泼又有自己的个性。

门扇打开后就是女屋主放置音响的地方，密闭式收纳能避免音响积灰尘。

以 1.8 厘米勾缝作为把手，让衣柜看起来更简洁。

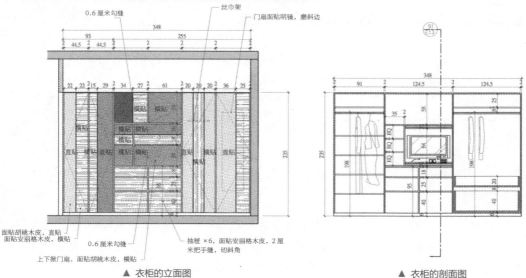

▲ 衣柜的立面图　　　　　　　　▲ 衣柜的剖面图

175

4 简洁现代感的乡村风衣橱
在细节中看见巧思的实用构想

设计师说 **DESIGNER SAY**
衣柜架高下加装夜灯的设计巧思

　　这组衣柜是木工加系统柜结合而成。屋主不希望主卧的床直接对着电视。主卧室的空间很大，因此本要规划有更衣室的设计，男屋主觉得更衣室会将主卧室的公共空间变小，因此最后改为衣柜设计，为配合另一边的衣柜是用系统柜完成，因此在规划时我与女屋主讨论，希望能将电视柜部分由木工制作将系统衣柜架高，架高下方当夜灯使用。

　　次衣柜靠近浴室，上方的门扇内以挂衣服为主，下柜设计成抽屉收纳，上方两个抽屉可放置经常使用的物品，下方的深抽屉则可收纳床单及皮包等。电视柜的上方设计成开放柜可当展示柜以及书柜，下方的抽屉则放置生活杂物。

　　电视柜体可分为三部分：收纳、电视位置和展示部分。胡桃木材质与木地板相呼应，柚木集成材与浴室门扇相呼应，白色当成系统柜的界面，让不同材质在同一个空间中有互相协调的感觉。主卧室的电视如果要躺在床上观看一定要记住位置得拉高至90厘米以上，不然会让床架遮挡视线，否则主卧的电视应该挂高才好。

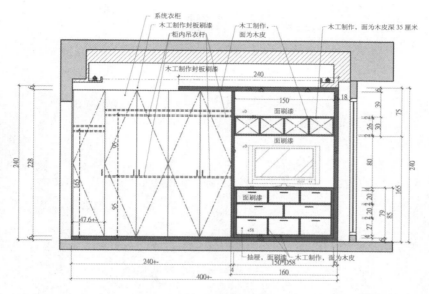

系统衣柜
木工制作封板刷漆
柜内吊衣杆
木工制作、面为木皮
木工制作，面为木皮深35厘米
木工制作封板刷漆
面刷漆
面刷漆
面刷漆
抽屉，面刷漆　木工制作，面为木皮

▲ 衣柜的立面图

CABINET MATERIAL
胡桃木、系统衣柜、喷漆

放置电视机的位置拉高至90厘米以上，让卧室主人躺在床上看电视时不被床架遮住视线。

柚木集成材与白色互搭成具有当代风味的乡村风。

设计重点

DESIGN FOCUS
双色木皮搭配呈现当代乡村风味

　　胡桃木当作整个衣柜的大框边，在系统柜地面上提16厘米，底面上提8厘米做成线灯的间照，8厘米的胡条当底座而上方的胡桃木则占衣柜的1/3做成不对称设计，这样的设计不会显得呆板，柚木的层板柜下方抽屉都做框边，整个柚木又突出胡桃木约2厘米让整个柜子立体起来，柜子中间则喷漆成白色，让柜子呈现当代感的乡村风味。

5> 永远流行的简单素雅衣柜

单色系的系统衣柜实践日式美学

胡桃木内嵌当作把手

比格状收纳更好用的
领带拉抽收纳

设计师说 DESIGNER SAY
依据使用上的顺手程度决定收纳的顺序

此案例是很常见的衣柜模式，极简的风格只用胡桃木内嵌当作把手，柜身分为三个柜体，五个门扇，靠近房间门的门扇内是层板及抽屉，中间柜体只有吊衣杆及皮包收纳柜，最右边下层空间只有一个抽屉。门后的衣柜是最不方便使用的，一般会放置不常穿的衣服或当成换季收纳储物的空间，但因浴室的位置关系，就将衣柜抽屉放在浴室对面方便实用，虽然抽屉设计在门扇内使用上较为麻烦。

女屋主有自己的收纳方式，最右边的柜子放置烫衣板及其他大件收纳，衣柜上方又有个收纳柜，可放置换季衣服及不常使用的物品。我个人的想法是收纳要做到"好收又好拿"的标准，放到衣柜上方的收纳，很有可能是要扔掉的前奏。因为我自己也会这样的，收放在上柜的衣服几年后就会被扔掉，不常看到的衣物久而久之会被遗忘，失去了使用的契机。但是有纪念性的物品就不一样了，在整理旧东西时，找到过去的一些回忆或是纪念品总会引发心中的悸动，因此关于最上柜的收纳方式，放上去前请务必三思。

 柜体材质 CABINET MATERIAL

黛玉色木皮染白、铁刀木皮染灰

设计重点 DESIGN FOCUS

双色木皮搭配呈现当代乡村风味

　　整体使用黛玉色木皮染白，铁刀木皮染灰当成装饰把手用以点缀柜体。双配色的柜体不易退流行，总能有着自己的个性。柜子门扇有预留挂钩，柜体侧面设计领带抽屉。我一直在设计中避免格状的领带收纳抽屉，不仅是不好收纳，拿出来尝试要再折回去会增添不必要的麻烦，"好收好拿"才是我推崇的王道收纳法。踢脚的插座可放除湿机、电扇、熨斗等，这些收纳的细节会影响生活的方便性，设计执行前都要再三确认。

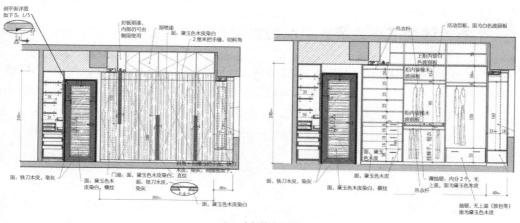

▲ 衣柜的立面图

6 衣柜中的书桌玄机

打破制式格局，让空间玩出创意

要把床垫当成椅子使用的话，因为坐在床垫上人会下陷，桌面高度需比标准 75 厘米再下降 8 ~ 10 厘米。

镶嵌设计让衣柜的视觉富有层次感。

设计师说 DESIGNER SAY

衣柜结合书桌，节省空间的聪明点子

主卧室中会有书桌设计的需求并不常见，因为主卧室的收纳空间不够用。如图上所示，床与衣柜中间的走道为 70 ~ 80 厘米，曾告知屋主加了书桌会让空间拥挤闭塞，但在屋主的坚持之下，我便在衣柜中间设计折叠式的书柜，需要时可放下当书桌，这样既不会浪费太多的收纳空间，折叠书桌折下时的空间刚好可以让脚放得更舒服一些，而且使用时不会浪费桌下的收纳空间。

折叠书桌一般适合面积较小的空间，就是将书桌内嵌在衣柜中，床可当椅子使用，但因为床垫很软坐上去人还会更矮一点，所以一定要将书桌降低，不能用标准 75 厘米当桌面，需下降 8 ～ 10 厘米。还可以将此空间做成化妆台，这些都是卧室空间不足时的变通方式，无论决定使用哪一种方式，需注意柜内一定要设有灯光照明及插座，如此才会方便使用。

CABINET MATERIAL
柜体材质　柚木直纹、嵌饰

DESIGN FOCUS
设计重点　运用分隔线条呈现柜身立体感

　　靠近床头柜的门扇并不好使用，很多人会纳闷为什么不设计成拉门呢？原因还是因为空间不够而无法做成。拉门比门扇要多出 8 厘米，在这狭小的空间中，每 1 厘米都需要斤斤计较，若多出 8 厘米，走道空间就更窄了。此外，整体柜子都采用柚木，运用分割线条呈现立体感，嵌饰让它在众多衣柜中出类拔萃。

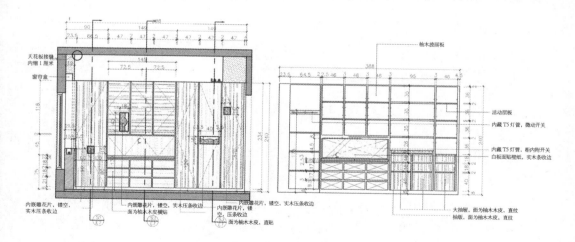

▲ 主卧室，造型高柜 / 储藏柜立面图 S：1/30 厘米

181

7 > 令人羡慕不已的大更衣室
同系材质中求异展现屋主个性

设计师说 DESIGNER SAY
双色木皮和特色嵌饰营造柜体层次感

　　此案例为一豪宅的更衣室,当时洽谈时,我提出一般更衣室采用的开放衣柜,一目了然也方便拿用,整体费用也比较便宜,但女主人觉得开放衣柜容易有灰尘,还不好整理。因此我再提出一边有门扇收纳,另一边为开放式衣柜可收纳当季服装,屋主却想要男女主人一人一边且都要有门扇设计,最后如此高"贵"的更衣室就诞生了!

　　中间的收纳柜约在120厘米,比一般半高柜高出一些,三面使用的半高柜两边上叠放贴身衣服、丝巾及其他小物收纳,最下方可收纳床单等床上物品,另一面则是两个洗衣篮,放置需送洗或需自己清洗的衣物。桌面则用来折叠衣物和熨烫衣服使用,可说是功能齐全。

男主人使用的区域配置皮、铁制把手。　　女主人使用的区域配置嵌饰。

 CABINET MATERIAL
瑞士橡木、胡桃木皮、嵌饰

DESIGN FOCUS
利用嵌饰标出衣柜的使用者

　　柜体采用双色处理,上柜是瑞士白橡木皮,下柜是胡桃木皮。另一边的上柜是胡桃木皮、下柜是瑞士白橡木皮,但比例则是胡桃木皮占柜体 2/3、瑞士白橡木皮是 1/3。同一个空间中为什么两边不统一呢?我总觉得设计总要有些创意,一样的柜子会显得太无趣,因此制造一些巧思则是必要的。如何让男女屋主的衣柜空间产生清楚的分隔呢?只要看到女屋主的衣柜门扇有嵌饰,男主人则采用象征阳刚味的皮革和铁制把手,就能一目了然。

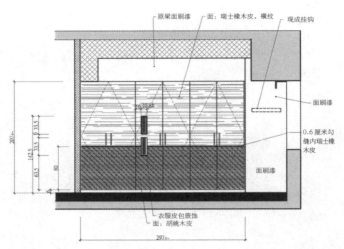

▲ 主卧更衣室衣柜,女主人区

▲ 主卧更衣室衣柜,女主人区,柜内立面图

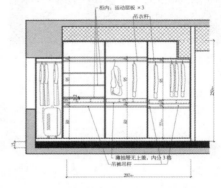

▲ 主卧更衣室衣柜,男主人区,柜内立面图

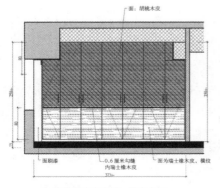

▲ 主卧更衣室衣柜,男主人区

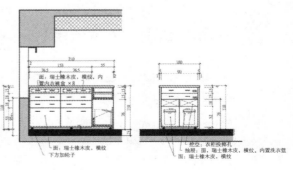

▲ 主卧更衣室中岛　　▲ 主卧更衣室中岛

8 > 在床上的衣柜？！
小面积的翻转创意，在设计中发现童心

设计师说 DESIGNER SAY
活动式层板增加衣柜收纳的多变性

　　案例中是屋主预备给未来小孩的房间，要在小面积中做出横拉门式衣柜，规划当初我们讨论先当收纳柜，且小朋友的衣服都是折叠收纳居多，挂衣杆暂时用不到。因此施工时就请木工做出几个活动层板方便收纳，等到有需求时再将层板拿下来当成吊挂式衣柜。我们预先想到放置在床后，靠近窗边的衣柜拉门会不好使用。于是我将衣柜架高约40厘米，牺牲床尾下方的空间。

　　拉门下方做成抽屉以便收纳，上面的拉门离地40厘米起至240厘米左右。这样的设计，屋主需要在事前就先告知床的尺寸，以便设计师做出规划；否则，屋主就只能按照衣橱尺寸再去选购适合的床了。

胡桃木中间横线条中挖凹槽当把手，隐藏式把手设计让柜子多了细致感。

活动式层板增加空间活用性。

拉门离地40厘米左右，需要依据屋主购入的床板高度而定。

柜体材质 CABINET MATERIAL

黛玉色木皮染白、铁刀木皮染灰

设计重点 DESIGN FOCUS

凹槽把手让设计更细致

当空间不大时，太复杂的设计会让空间压迫感加重。橡木与胡桃木的对比配色，以胡桃木当柜身，白橡木皮当门扇。白橡木、胡桃木跳色，由下柜算起往上约40厘米设计成深色的胡桃木交错。且在胡桃木中间横线条中挖凹槽当把手，此隐藏式把手设计让柜子多了细致感。

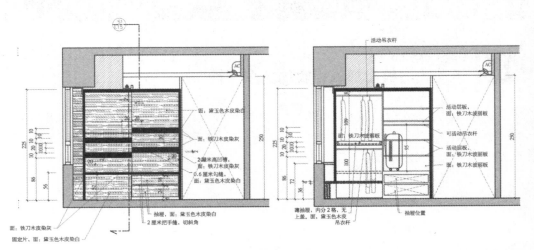

▲ 祖孙房衣柜立面图

浴柜

BATH CABINET

功能与美观
并存

 让浴室收纳更加清爽整洁就是浴柜的首要任务

大家似乎对浴室设计觉得最好是能有 SPA 功能的豪华大浴缸，若是能有希腊风的浴室也不错，很少有人讲究浴室的收纳功能，这也是设计中容易被忽略的部分。

我以前在整理浴室时，总想清洁剂该放在哪里呢？美丽的台面要放一块百洁布吗？不然百洁布要放在哪儿？潮湿的浴室柜又该如何处理？因此浴室的收纳在我的眼中是很重要的一环，设计了一个又一个的镜柜、浴柜才摸索出一套特有的浴室收纳柜，包括垃圾桶、卫生纸和清洁剂的摆放，其实这都是生活中的细节与我们日常生活息息相关，好的浴室收纳不仅能让浴室变得更美丽，而且在使用上也会感到心情愉快喔！

1 > 镜子与浴柜合一的实用设计
打造浴柜需注意防潮的方法

DESIGNER SAY
镜柜最少需离台面 35 ～ 40 厘米

　　浴室干湿分离，面盆与马桶面对面，这浴室属于较大的空间。镜柜是三片门扇组合，中间是镜子，两边是美耐板，柜内的层板是不怕水的喷砂玻璃。

　　镜柜也可是另类的化妆台和保养品收纳柜，可以收纳牙膏、牙刷和脸部清洁用品，且因它的柜深也适合当成卫生纸的收纳柜。而镜柜最少需离台面 35 ～ 40 厘米，这样水较不容易喷

上方的镜柜与下方的洗手台必须距离 35 ~ 40 厘米高，减少镜子被水溅湿的困扰。

水龙头为最后安装步骤，需要在浴柜施工之前与设计师沟通高度。

预留 15 厘米高的垃圾投掷口，美观起见需注意垃圾桶的尺寸不可高过投掷口。

溅到镜面，减少了频繁整理的必要性。镜柜的深度在 15 厘米左右，太深了容易在使用面盆时撞到头。此外，还需注意龙头的高度，免得做了镜柜但水龙头不能用就糗了，因为水龙头是最后才安装，往往发现高度过高时，已来不及修正了。

面盆下柜需离地 20 厘米防止柜体受潮

镜柜的上下或者左右加装间接灯光就是最佳的化妆台。至于下柜的设计，面盆下柜需离地 20 厘米，以方便浴室洗地，且离地也较不会有受潮困扰，而柜子下方可留透气孔，柜内就不会残留湿气。这柜体面盆下方是清洁用品的收纳柜，右边柜体是抽屉与垃圾桶投掷口，左边柜体是三抽式，可收纳吹风机、浴室用品与毛巾。

CABINET MATERIAL
美耐板、南方松、镜子、喷砂玻璃

DESIGN FOCUS
防水的美耐板为打造浴柜的最佳素材之一

　　面盆正下方的拉抽一定要60厘米，因为下方有水管，故抽屉的侧板由面到底需做成斜面，后面的高度在15～20厘米，需视底部的水管高度再做调整。抽屉内部分为两区，因为南方松不怕泼水，故前面约20厘米使用南方松做成格栅，放置清洁剂、百洁布、抹布等。垃圾桶须留高度12～15厘米的投置口，需注意垃圾桶购买时，要低于投掷口5厘米的会较为美观。

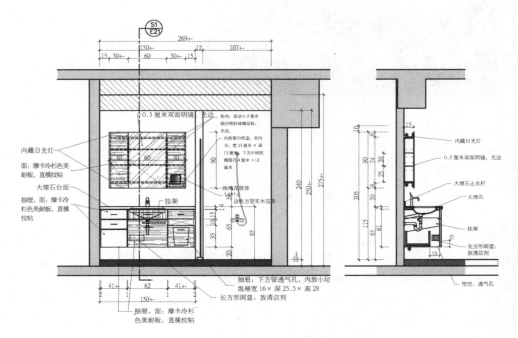

▲ 浴室面盆下柜和镜柜

2 > 小而美的功能浴柜

以拉抽柜深度取胜的收纳空间

 设计师说 **DESIGNER SAY**

融合天花板与梁柱的一体设计

　　案例中的浴室是一般家庭中最常见到的面盆大小，悬吊式的下柜中间是清洁用品及抹布的收纳，右边则是将卫生纸内嵌在柜子内，以方便抽取。

柜体材质 CABINET MATERIAL
喷漆

设计重点 DESIGN FOCUS
面盒下做成拉抽柜使用更顺手

　　面盆正下方的拉抽柜一定是 60 厘米。深度够，储藏空间才会大，前区不锈钢的吊杆下方是透空的，后区则是清洁用具收纳区。

拉抽柜的设计让屋主不用特地弯腰也能拿取物品。

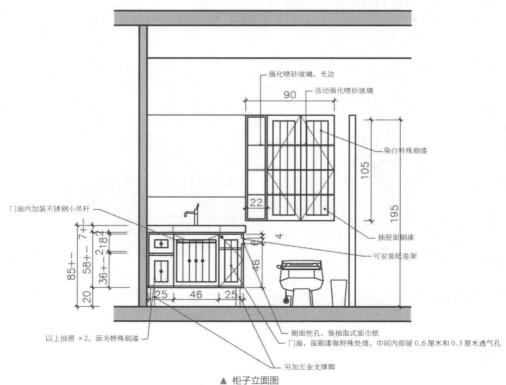

强化喷砂玻璃，光边
90　活动强化喷砂玻璃
染白特殊刷漆
105
195
22
抽屉面刷漆
可安装纸卷架
门扇内加装不锈钢小吊杆
85+- 58+- 36+-21 7+- 8.2
4
46
20
25　46　25
以上抽屉 ×2，面为特殊刷漆
另加五金支撑脚
侧面挖孔，装抽取式面巾纸
门扇，面刷漆做特殊处理，中间内部留 0.6 厘米和 0.3 厘米透气孔

▲ 柜子立面图

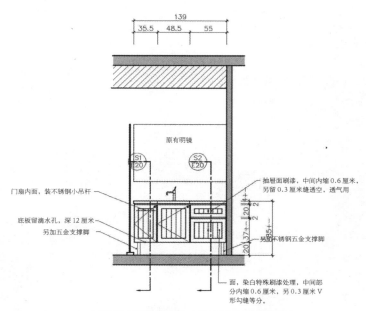

门扇内面,装不锈钢小吊杆

底板留滴水孔,深 12 厘米
另加五金支撑脚

原有明镜

抽屉面刷漆,中间内缩 0.6 厘米,另留 0.3 厘米缝透空,透气用

另放不锈钢五金支撑脚

面,染白特殊刷漆处理,中间部分内缩 0.6 厘米,另 0.3 厘米 V 形勾缝等分。

▲ 主浴面盆下柜立面图 S：1/30 厘米（依现场调整）

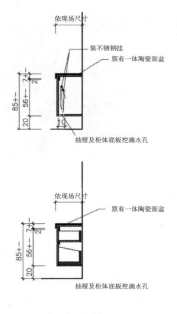

依现场尺寸

装不锈钢挂
原有一体陶瓷面盆

抽屉及柜体底板挖滴水孔

依现场尺寸

原有一体陶瓷面盆

抽屉及柜体底板挖滴水孔

▲ 主浴盆下柜剖面图

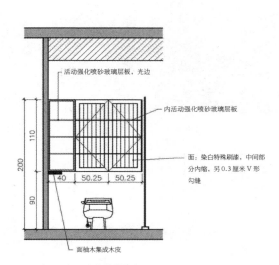

活动强化喷砂玻璃层板,光边

内活动强化喷砂玻璃层板

面：染白特殊刷漆,中间部分内缩,另 0.3 厘米 V 形勾缝

面柚木集成木皮

▲ 主浴马桶后方收纳镜柜立面图
S：1/30 厘米（依现场调整）

3 一体成型台面的浴柜
一体成型的设计手法让视觉延伸

为了避免压迫感, 镜面设计不与镜柜一同凸出 15 厘米。

方便如厕后丢弃卫生纸的投掷口, 方便又顺手。

设计师说 DESIGNER SAY
干净利落、实用为上

镜柜设计在面盆上方的左右两边, 镜子贴着壁面, 且镜柜延伸到马桶上方的收纳柜。屋主觉得台面上的镜子拉出 15 厘米会有压迫感, 因此这边就让它贴着壁面。此浴柜是最标准的款式, 有着拉抽式的垃圾桶, 投掷口就在马桶旁, 方便使用, 要注意若垃圾桶的高度与投掷口平行会不美观。

| 柜体
材质 | CABINET MATERIAL
美耐板、嵌饰、玻璃、镜子 |

| 设计
重点 | DESIGN FOCUS
打造最强收纳柜 |

美耐板的材质不能作隐藏式把手。下柜空间规划为前面 15 厘米放置清洁用品及抹布，后面可放置踏垫或其他收纳。

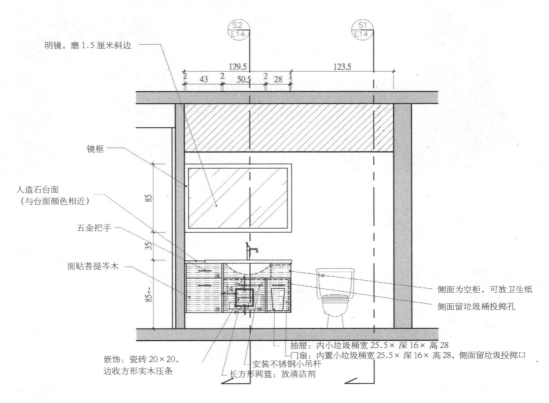

明镜，磨 1.5 厘米斜边

镜框

人造石台面
（与台面颜色相近）

五金把手

面贴菩提岑木

嵌饰：瓷砖 20×20，
边收方形实木压条

安装不锈钢小吊杆

长方形网篮：放清洁剂

抽屉：内小垃圾桶宽 25.5× 深 16× 高 28
门扇：内置小垃圾桶宽 25.5× 深 16× 高 28，侧面留垃圾投掷口

侧面为空柜，可放卫生纸
侧面留垃圾桶投掷孔

▲ 浴室面盆下柜

195

4 > 多层格分隔的浴室
充满实用收纳功能的分隔空间

采用拉抽柜设计的垃圾桶，需事先注意拉出时是否会撞到马桶。

人造石台面耐热度比不锈钢和大理石更佳，清洁保养更容易。

设计师说 DESIGNER SAY
收纳功能多一点，实用性会多更多

屋主需要浴室有多一点的收纳机能，有用来放置脏衣服的洗衣篮、大浴巾、毛巾等收纳空间。在180厘米长的面台，分别以45厘米的浴柜做出收纳空间，上柜为毛巾收纳，中间为开放空间可置物，下方则是洗衣篮的投掷口。浴柜左边是垃圾桶的投掷口，面盆下方是清洁用品及踏垫、卫生纸收纳区。镜柜则是将左右两边15厘米做成开放层板方便使用，还有中间的镜子门扇内也是一个收纳空间。

柜体材质 **CABINET MATERIAL**
美耐板、人造石、南方松木条

设计重点 **DESIGN FOCUS**
特别注意放置垃圾桶的柜身设计

收纳柜体靠近淋浴间的规划在取用物品上会较方便。浴柜左边的垃圾桶采用拉抽柜,在设计上需考虑到拉抽柜拉出时是否会撞到马桶。此外,在设计放置垃圾桶的抽屉尺寸时,一定要注意柜内的深度,例如:垃圾桶是 20 厘米,抽屉柜体的表面高度需要 30 厘米才能放得下,还需扣除抽屉内的轨道空间。

上下内藏日光灯
双面明镜,光边
粉晶橡木
人造石台面

大抽屉:内锁抹布架
下方透空深 15 厘米,另加南方松木条
粉晶橡木
抽屉:内置小垃圾桶

▲ 主浴室,镜柜和面盆下柜立面图

设计师教你懂

人造石　人造石构成的浴柜台面除了较美观外,它的耐热度也比不锈钢更好,人造石也因台面的光滑度让清洁变得更方便。长久使用后,台面若有破损刮伤请师傅抛光磨滑又能恢复如新。

楼梯下的收纳
——魔法空间大利用

大型物件的最佳储藏区

　　以前规划楼梯下的收纳，总是在楼梯下方做门扇，并且将它当成储物空间，不会去分隔规划楼梯下的空间，但楼梯下大都是长条形很深的空间，东西往里堆多了也懒得整理，久而久之，此处就宛如一个小型的回收场。其实楼梯下的储物空间很好用，因为又深又宽，可储放大型对象如：电风扇、除湿机、行李箱等，但需要很好地规划方能用好这一空间。

1> 小面积做出大收纳的展示空间

面积不够大,楼梯下收纳助你一臂之力

设计师说 **DESIGNER SAY**
小面积住家实现大功能收纳与展示空间

此案例位于学区内小面积住家的门口空间,因为面积不大,所以要充分利用每一寸空间来收纳,鞋柜、冰箱柜、收纳和展示皆利用楼梯下方的空间分配,达到物尽其用的效果。

柜体材质 **CABINET MATERIAL**
喷漆

设计重点

DESIGN FOCUS

适合摆放出门前随手拿取小物的空间

利用楼梯下方的空间规划出不同功能的收纳区块，进门区楼梯下最高的位置设计成鞋柜，且桌面上可放置钥匙也能达到展示功能，旁边则是冰箱的位置，最低的部分规划出下层的收纳抽屉，抽屉的上面预留微波炉的位置，其他部分兼做成格式抽屉，可展示也可放厨房的杂物。

可放置出门前方便拿取的物品。

冰箱右侧的门扇柜，放置厨房相关物品拿取才方便。

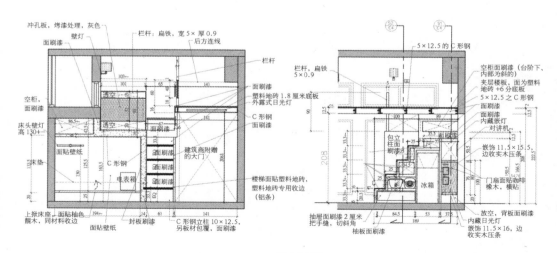

▲ 柜子立面图

2> 充分利用楼梯下方做出的收纳空间

依照高度做出合乎使用需求的柜型

设计师说 DESIGNER SAY
依楼梯高度不同做出相等的柜型

旧屋改装时重新规划整体空间会有新的想法。楼梯高的部分规划成鞋柜和储物空间，上楼梯较低的空间，规划出门扇及抽屉。虽然楼梯边的空间是餐厅，抽屉不方便使用，但屋主觉得还是需要抽屉，才将最下方设计成抽屉以合乎客人的需求。

较深的收纳柜适合摆
放长条状的物品,如:
海报、运动用品。

以层板打造的展示空间,
建议放置重量较轻的相框
和玩偶。

柜体 材质 CABINET MATERIAL
喷漆

设计 重点 DESIGN FOCUS
在意外之处发现的展示空间

　　L 形的楼梯,黑铁烤漆的栏杆,整体空间风格为乡村风格。因此,以横向的木条企口处处理分割出质朴的感觉,白色喷漆与黑色烤漆搭配出简约的乡村风。此外,楼梯的转角在不会碰撞到头的位置做了一片展示层板,下楼梯时则多了一处可爱的端景。

　　为了充分利用所有的楼梯下方空间,最下面的两格阶梯规划为门扇收纳,设计分为两区,最下方为深抽屉,抽屉的上方则是门扇收纳,一开门收纳的物品一目了然。

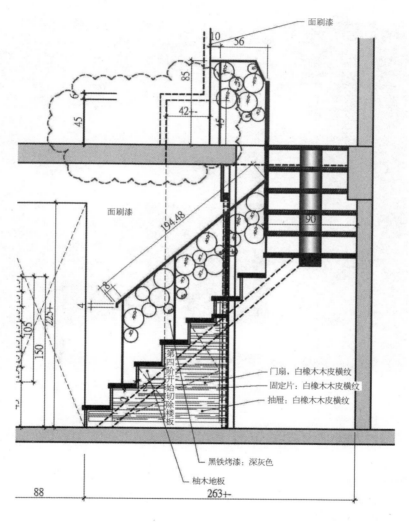

面刷漆

10
56
85
6
45
42+
45

面刷漆

194.48

90

8
4

105
225+
150

第四阶开始切除楼板

门扇，白橡木木皮横纹
固定片：白橡木木皮横纹
抽屉：白橡木木皮横纹

黑铁烤漆：深灰色

柚木地板

88
263+

▲ 柜子立面图

3 > 饶富奇趣的展示收纳空间
以楼梯下收纳帮空间整形

 设计师说 DESIGNER SAY
让收纳柜成为楼梯下的美丽风景

　　许多人喜欢在楼梯下方做门扇收纳,因此在规划这空间时向屋主提出我的想法,楼梯的阶面可以是造型,也可以规划成展示柜,屋主觉得只要收纳空间足够就没有问题,于是我以楼梯的形状做出阶梯式的展示空间,颇有趣味。

柜体材质 CABINET MATERIAL
胡桃木皮

设计重点 DESIGN FOCUS
楼梯下收纳也能做出深浅层次的收纳柜

整个柜体以楼梯的阶面为分割的主轴，最下方抽屉以大小不同的格子区分，让客户可以在这空间做展示或书架使用。

收纳柜和旁边的柜体选用同样的胡桃木皮营造一体感。

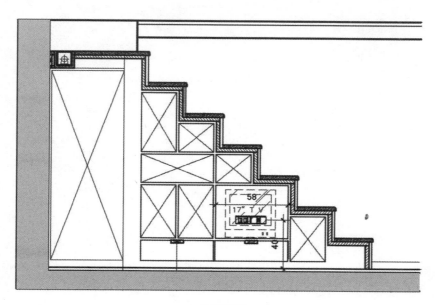

▲ 柜子立面图

跃层房子的收纳空间设计
好收好放的大空间收纳

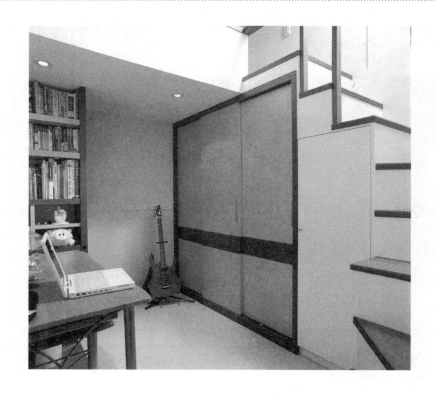

 DESIGNER SAY
跃层也能善用空间做成大收纳柜

对于有跃层的房子,楼梯显得很占空间,因此需将楼梯下方列入重要的收纳空间。楼上是床铺,楼下是书房,将楼梯下方做成衣柜,让一个空间有两种功能,可收纳也可是上楼的阶梯。

 CABINET MATERIAL
铁刀木皮、橡木木皮

设计重点 DESIGN FOCUS
楼梯深度够就能做成好收好放的横拉门柜

　　楼梯的深度在 70 厘米刚好，因此楼梯下设计成一座横拉门的衣柜，而阶梯部分则做成隐藏式的门扇收纳，让衣柜看起来完整，楼梯下的层板收纳也不浪费空间。

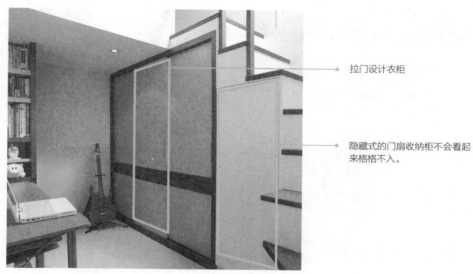

拉门设计衣柜

隐藏式的门扇收纳柜不会看起来格格不入。

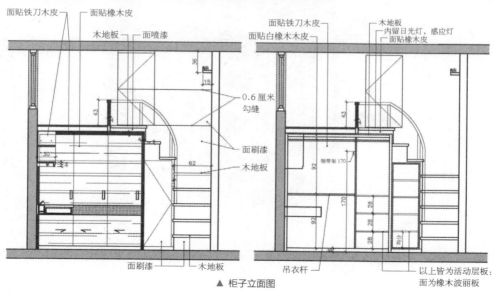

▲ 柜子立面图

207

畸零空间

OTHERS

空间不够用？
利用畸零空间增加收纳

畸零空间的收纳魔法

　　家中总有一些零碎的空间，比如餐厅的一隅、窗边的转角或者过道的拐弯处，因为梁柱和壁面的原因让收纳功能受限，这些看起来不起眼的角落其实运用量身定制的设计一样能变成令人惊艳的收纳与展示的柜子。

1 > 畸零空间化身三面功能柜
善用走道畸零空间将家中空间活化

 设计师说 DESIGNER SAY
门扇主机柜加装花片帮助散热

　　利用走道的畸零空间规划出的收纳空间，它的位置处在厨房到后阳台前的空间。右边是厕所的入口，运用厕所前的壁面加做长条的收纳高柜，避开主卧门直接对着厨房，防止做饭产生的味道飘入卧室。规划三面可用的机能柜，面对餐桌是餐厅电视墙，左侧厨房面的柜体是茶水区，右侧走进浴室前的柜体，可作为放置浴室用品的储物空间。巧妙运用畸零格局，不仅能将家中空间活化、提高使用面积，更能增加有效收纳。

柜体材质 CABINET MATERIAL
秋香色木皮、喷漆

设计重点 DESIGN FOCUS
利用门扇设计弥补空间不足

面对餐桌的电视墙柜体的表面高度度约 90 厘米，其左右两侧横墙柜体柜体的表面高度约 110 厘米。柜体从中横切分成两部分，以地面往上约 100 厘米的高度为标准，设计左右两侧柜体。

高度 100 厘米以上、左侧厨房面 30 厘米深度的柜体是茶水区，因 30 厘米深度不算很深，所以为了安全加装了不锈钢横杆防止热水瓶掉落。高度 100 厘米以下是深度约 50 厘米的抽板与抽屉，抽板在使用热水时可暂放茶具等。上层抽屉设计放置家庭保健品及药品的位置（喝水就会想起吃药的关联动作），其他则是厨房餐厅的小物收纳。

右侧浴室入口前的柜体深度约 50 厘米，储物空间可放置浴室用品及杂物，如浴巾和大件物品收纳。刚好位于浴室入口处方便取用。下方层板深度约 20 厘米，收纳卫生纸和清洁用品，此为分类分区收纳法。

运用厕所前的壁面做出长形的
收纳高柜。

因为柜深仅 30 厘米，为了安
全起见加装了不锈钢横杆，以
防止热水瓶掉落。

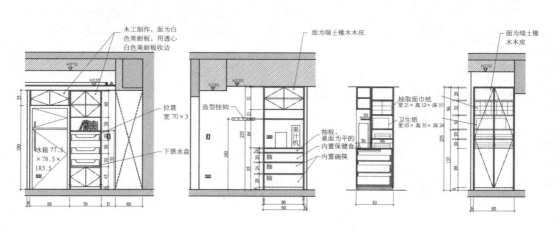

▲ 厨房锅具收纳柜立面图　　　　▲ 厨房碗盘收纳柜立面图　　　　▲ 杂物收纳柜立面图

2> 玄关转角展示收纳柜
转角空间也能变身美丽展示柜

设计师说 DESIGNER SAY
立柱内退设计手法转移视觉障碍

　　客厅的展示收纳高柜，入门见角如"刀"，直角的视觉感会让进来的人视觉突然阻断，像被刀割开一样。我为了避开进门看见柜角的问题，运用设计手法转移注意力，让立柱内退些，进门只见到展示层板的展示品，正面以固定墨玻璃替代门扇，让来访的客人视觉会停在美丽的展示品上。

柜体材质 CABINET MATERIAL
玉直纹木皮、铁刀木、壁纸

为了避开进门看见柜角的问题,运用设计手法转移注意力,让立柱内退,进门只会看到墨玻璃展示层板和展示品。

单扇的横拉门扇不会产生开门角度占据空间,更方便使用。

设计
重点

DESIGN FOCUS
横拉门扇设计不阻碍客厅动线

　　此柜体位置是进门第一眼看到的位置,正面面对客厅,侧面则是去往露台的通道,通道面是开放的展示面。正面的柜体分为三个部分,"前面的墨玻璃"有修饰作用让立柱内退,"层板区"面对客厅是最佳的展示空间,"单扇拉门"内规划收纳区,可收纳展示品的空盒或较不常用的物品,位置在沙发的后面。而单扇的横拉门不会产生开门角度而占据空间,更方便使用。

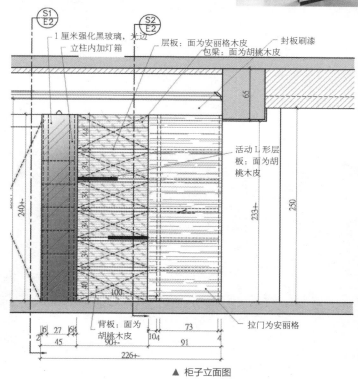

▲ 柜子立面图

213

第三部分

设计橱柜前，你该知道的事

打造五感愉悦的
居家空间

柜体设计应与空间收纳概念合一

　　家，是群体共同生活的空间。每个人都有不同的物品使用习惯，因此当我们在规划柜体空间时，需思考家庭成员未来 10 ～ 15 年间可能会出现的使用状况，在这期间无论东西再多都能适得其所。一般来说，居家空间的组成又分成以下三大项：

1. 公共空间：玄关、客厅、餐厅、景观阳台，着重于展现屋主的生活品味。
2. 服务空间：厨房、浴室、书房、储藏室，着重于空间的功能性、安全性。
3. 个人空间：主卧室、子女卧室、孝亲房、客房，着重于空间的个性化、舒适性。

　　若人从出生到老都住同一套住宅的需求来考虑，刚好经历青年、壮年、老年三个时期，因此满足"通用设计住宅"的居家空间是很重要的。依照家庭成员的年龄区分，将柜体设计与空间收纳合一，可区分为以下三个时期：

1 夫妻／子女幼儿时期

　　学龄前孩童需要更多的是空间而不是房间，因为需要双亲的陪伴与照顾，所以公共空间要大、最好有穿透性，因此客厅、书房或和室最好采用半开放式。一般家庭的孩童会与父母同住至 10 岁左右，主卧室做大才可容纳婴儿床或儿童床，而儿童房内最好选择可移动、可调整高度、桌面大的书桌。书柜设计则要考虑孩童的身高，柜体最下方规划成开放空间让他们席

地阅读时更方便；最底层放置书籍和玩具时，还可趁此机会教育儿童养成自己收拾、立即归位的收纳习惯。

2 夫妻／子女青年时期

　　子女处于 12 ~ 18 岁的青年时期，最重视与双亲的管理和分享，因此规划重点着重在公共空间，尤其是书房若能够全家共用更好。电脑放在公共空间而不是在孩子的房间，家长能借此了解孩子对哪些网站感到好奇，并避免他们过度使用计算机，但在设计上还是要将孩子的房间预留网络接线口，方便子女成年后将电脑设置在房内自由使用。这时未成年的子女的房间够用且简单就好，让孩子与父母长时间都在公共空间相处。

3 夫妻／子女成年时期

　　需将双亲未来老年与银发族的生活习惯纳入空间规划当中，如客厅和浴室地板材质要防滑，浴室的马桶旁边、淋浴间的壁面都要预留扶手空间，走道做大一些宽 95 ~ 110 厘米预留安全扶手空间。主卧室的房间内尽量安置可移动式家具，以防未来需要时可增减家具、床位数量或收纳其他医护用具。衣柜设计一定要有抽屉，依照老人的使用习惯，较喜欢抽屉可藏东西。

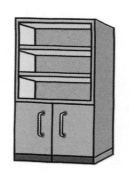

认识柜子设计

柜子的种类

市面上的柜子设计千百种，却始终搞不清楚该买的款式，面对各种选择一头雾水。究竟什么样的柜子才是最好用的？材质与工法不同又有什么影响？该怎么挑选合乎需求使用的柜子？以下针对各种常见的柜子一一剖析。

种类	优点	缺点	美观	价格
现成收纳柜	选择性多样化，可依自己喜好、风格、色彩与预算来选购。	需花费较长时间选购、比价，尺寸、功能不一定合乎家中布局，无法精确定位，地震发生时也容易倒塌。即使定位后，柜子后方无法与墙壁完全密合，因此容易藏污纳垢，而且后续的维修不容易。	中高价位的柜子，工厂无尘喷漆或木皮收边效果不错。	材质、产地、功能不同，价格从高到低都有。
系统收纳柜	便宜、环保、可重复使用、节省工时、柜体内外材质一致、美观。	制式化、有尺寸限制、承重力较差、容易出现衔接面与壁面的收边问题。	内外材质美观一致。	门扇收纳造价较便宜，横拉门造价较高。越多层板、抽屉设计造价则越昂贵。材料、五金与产地也会影响价格的高低。
定制木工柜	可依客户需求量身定做、材质选择多样性、设计师可设计出专属的柜体，独特性高。	施工期长，无成品可参考风险较高。师傅的施工水平不一，品质难以预期。	符合使用者的喜好。	偏高。
木柜＋系统柜	节省工期。	木工柜可配合的变化较少，两者搭配会有功法上的差异。	系统柜体较为细致，因柜身是工厂电脑切割，收边较好。	比纯木工柜便宜少许。
收纳箱	方便、便宜、选择性高，可依需求做出容量选择，且移动方便	大多数的收纳箱都太轻，且太多不同的收纳箱整体感差，容易造成空间视觉上的凌乱。若为抽屉式的收纳箱也是太轻，让抽屉容易滑落。整体而言，轻薄的收纳箱较容易变形，使用寿命短。	因人而异。	依款式、材料而定。

柜子的材质和做工

　　目前系统柜已渐渐取代木工制作的柜子，变成装修的趋势和主流。但木制柜体仍有系统柜无法取代的功能，尤其遇到墙壁不平整或房子水平不够时，或想要特别造型以及承重等需求时，仍只有木工师傅才能处理。

　　以前的人会担心木工柜体底材的木工板在施作时有甲醛的问题，现在建材日益进步，无甲醛或低醛的建材已很普遍，木工柜体都是用木工板底为主再贴上面材。看到市面上各式各样的面材与不同的柜子，柜子的内部大部分都是使用波丽板，而波丽板也分为单色和木皮色，最常用的单色是白色，木皮色的则有橡木、柚木、胡桃木，大多需要搭配面材使柜子有整体感。

设计师教你懂 ────────────

甲醛　新家装潢时木材用量很大，如果每片木材都用原木，预算是非常可怕的，因此装潢时用的木材几乎都是以木屑与黏合剂加热并加压后而制成的合板、夹板或塑合板为主。这些价格较亲民的合板里头有大量化学黏合剂（或称化学胶），会产生一股刺鼻味，因此装潢完成后要过几天等油漆味和各种板材的味道散掉才能入住。但即使刺鼻味降低，甲醛的释放期仍可长达 3 ~ 15 年。若要彻底清除甲醛，必须选择能分解甲醛的方式，而不是单纯掩盖气味就能远离毒害；选择无环境限制、具有水溶性特色的除甲醛剂，才是最有效清除甲醛的方式。

	名称	图示	特性
面材	原木皮		·有着由浅至深的颜色及直纹、山形、集成等种类繁多的纹路。 ·木材厚度就是俗称的"条数",一般200~500条,数越高代表木板越厚,经过喷漆、打磨加工后表面纹路较不易磨损。 ·一般的木皮喷漆加工为"两底三度",喷漆越多次造价越贵。 ·以前流行喷漆后没有毛细孔,手抚平时是平滑光面,近年流行保留木材纹路,俗称平光面。 ·染色喷漆前,请油漆师傅先打几块板确认颜色后再施工,避免全部上色后发生颜色不到位的问题。
	胡桃木		·能为空间增添温润且天然的风格,展现出轻松的休闲气息。 ·深色胡桃木有沉稳、古典的感觉,浅色胡桃木有活力、清新的魅力。
	斑马木		·主要来自西非地区,木纹的特性多了一份个性与狂野,能展现南洋味的悠闲风格。 ·条纹的着色条件与树龄、产地变化有关。 ·斑马木的收缩率大,耐朽度中等,耐虫性稍差。多作为高级家具用材和装饰木皮。
	橡木		·橡木能突显出不加修饰的杂色木质感,保留了木材的肌理,适合展现乡村风与简约风的木柜。 ·上色性极佳,能依照喜好染成各种颜色。其他表面加工如钢刷、钢烤都能得到不错的效果。

面材	名称	图示	特性
	桧木		·桧木具有吸收湿气调节气温的作用,浓郁香气、木纹细致、耐久性强,对虫害及腐朽抵抗力强。 ·红桧木质地较为松软,因此多用于装修板上,如壁板、天花板。
	黑檀木		·材质细腻,保有油亮透光的质感。 ·坚硬、防蛀、耐腐,是常见的工艺家具用材。 ·随着与人体长时间接触使用,木材表面会比原来更为明亮(又称:玉木光),散发出自然温润的光泽。
	核桃木		·核桃木硬度适中,纤维细腻均匀、韧性够强耐腐,常用于梁柱、家具、地板、单板使用。 ·核桃木经过干燥程序之后,便不易变形龟裂,因此也适合作为工艺品。
	西卡檬		·数北美槭树,为枫木的一种,颜色较白,几乎无枫糖线。 ·纹理细致均匀,有时会有波状纹理,常用西卡檬的本色以呈现自然质感。

板材	名称	特性
	木皮板	·属于较新、环保的板材，造价比木皮贵一点，不易安装还易受损。 ·贴上木皮后不用再油漆，缩短施工期约 7 ～ 10 天。通常建议客户选择这类面材以减低油漆预算。 ·使用木皮做成的柜子施工难度高，边角容易产生锐角，收边没有木皮漂亮。
	波丽板 （丽光板）	·耐压、耐撞、耐刮、耐用、稳定性高。电视柜、衣柜、鞋柜都可以用波丽板作为表面材。 ·一般柜体制作常用约 1.8 厘米木工板再外贴波丽板（约 2 厘米厚，较坚硬耐用，耐压性较高，低于 1.8 厘米较易变形）。 ·波丽板由"PVC 塑料"和"树脂"调和而成，一般以黑白二色为主，另外还有一些木皮色：榉木、柚木等花色齐全的称为丽光板，有较多变化可供选择，为了方便称谓，都以"波丽板"统称。
	美耐板	·市面上最耐撞、耐刮、耐燃、防潮的板材。多应用在厨具面板、电器柜、浴柜、浴室门扇、儿童衣柜、书柜或书桌。 ·有各种颜色或木纹色彩，以及金属、布纹等特殊色可选择。 ·美耐板的缺点会在收边时产生锐角，面与面的接点上会有黑色纹路；因为它是用强力胶粘于木工板上，日子一久容易散开，建议在四边用实木收边，整体会更美观。实木收边需再喷漆，柜子造价会比贴木皮更贵，但会是所有柜体中最耐用的。
	玻璃	·一般用于展示柜门或层板，柜体上面贴有颜色的玻璃，例如：烤玻璃、墨玻璃或灰玻璃，现代感十足但造价很贵。 ·因为玻璃层板会透光，若是柜内打灯能让灯光的效果更好。 ·玻璃柜需要经常擦拭保持整洁，若不小心将手印或毛絮附着在玻璃上，看起都会显得很脏。 ·层板柜建议可用喷砂玻璃做成，达到透光性却能减低清洁频率。
	发泡板	·卫浴湿气较重，为了预防浴柜柜身损坏，最初规划时会建议选择发泡板制成，它为 PVC 合成防水材料，可防腐、防霉、防水、防潮，因此适合作为浴柜内部结构。 ·发泡板质地轻、韧性佳、可塑性强，除了浴柜之外，也是经常被使用于其他空间的材质。 ·发泡板可以贴膜、印刷、压花、喷涂等二次加工，视觉上可有更丰富的表现。

板材	名称	特性
	不锈钢	· 有别于一般木制橱柜,不锈钢具有冷调的现代感。 · 依照厚度、材质的不同,价格也不同。不锈钢本身有毛丝面、雾面、亮面等效果,虽然非常耐用但要小心刮伤,容易沾附水痕但也容易擦拭保养。 · 因为不锈钢生硬冷冽的金属光泽及现代感,使用前最好先考虑与空间风格的相互搭配,或是注意使用比例,才能为整体风格加分。
	铁件	· 常用于柜体收边或造型装饰,可搭配简单的仿旧处理,增加复古质感。 · 轻薄而坚固的特性,不仅能突破层板跨距的限制,并能为空间带来轻盈的效果,虽然单价较高,但也逐渐成为居家柜体常见的材质之一。 · 在科技快速进步的现代,铁件也逐渐打破既定规则,出现越来越多创新的可能性,还能依照柜体打造成支架使用。
	石材	· 近年来国内建筑石材的应用日趋活泼,除了传统大理石、花岗岩之外,马赛克、水晶石、人造石、化石等应用也非常流行。 · 大理石、花岗岩因为硬度够,可用于客厅电视主墙设计,也可以运用在地板上,其天然粗犷的风格,让空间充满天然质感,将自然与奢华结合。 · 其他石材多半运用在电视主墙及部分壁面设计、洗手台或餐橱柜。
	绿色建材	· 就是环保建材,具备生态、再生、健康、高性能中的其中一项特性,并由相关标准检验合格,贴上合格印章。

素材	名称	特性
	花片	·花片元素若运用在拉门造型上采用花片搭配线条、玻璃、明镜、铁件等拼贴,运用不对称分割、不同材质与色彩的结合,能为空间造就优雅的感觉。 ·主机电器柜采用镂空雕花门扇,也有透气和散热功能。
	文化石	·文化石可应用在电视主墙、造型端景墙等,并可与文化石设计沙发背墙相呼应。 ·凹凸粗犷的表面,带有不造作的随性休闲感,材质本身就能感受到装饰性,若再经由光源微微照射,可让立面层次的丰富性更上一层楼。
	玻璃	·玻璃可让空间放大做出区隔,不论是全透视或半透视玻璃,最常被运用的包含清玻璃、雾面玻璃、夹纱玻璃、喷砂玻璃、镜面玻璃等,设计手法多元,巧妙运用也可成功引导出空间动线。 ·在客厅中运用喷砂玻璃可遮蔽电箱的存在感。 ·目前已研究出改善传统喷砂玻璃表面易脏、保养不易的工艺,就是在加工过程中增加表面研磨的工序,使得雾面细致均匀,无传统喷砂的硬颗粒,也能创造温和的雾面效果,保养上变得更简单了。
	人造石	·成分是亚克力、树脂等混合石粉制成。可仿各种天然石花色且加工更容易些,选择上的自由度高,可依空间的风格来选择各种不同纹样。 ·毛细孔小、抗污性强,优于天然石材,可直接使用拖把或湿抹布擦拭清洁保养。若台面损伤亦可修补,修补后可无缝。 ·人造石经不起重物撞击或尖锐物刮刺,当表面有严重刮痕,需请师傅抛光处理。 ·人造石容易因长期使用、受热而变色。 ·市面上使用的人造石台面,用料等级皆有差异,有些厂商会以次充好,冒充高等级人造石,需要特别注意。

作工	名称	特性
	刷漆	·是最便宜的施工，直接在板材上刷漆，补钉孔、抹平刷漆，一般为一次底漆＋两次面漆，刷漆可以营造复古乡村风的感觉，但是刷痕较粗糙，有时板材会吞色，面材变色则需再重新上色。
	喷漆	·为了完成木制柜体，直接喷漆在现代柜体及古典柜体是最常见的做法，喷漆柜体看起来简洁，也可以选择自己喜欢的色彩。 ·造价以"平方米"为计价单位，可选择单面喷漆、双面喷漆。 ·喷漆价格虽偏高但保养容易，缺点是喷漆较不环保，碰撞破损不易修补，如果施工质量不佳，几年后容易龟裂掉落，需再重新处理。
	烤漆	·烤漆为喷漆的进阶版，比喷漆硬度还高，也不易龟裂，摸起来更为光滑有镜面效果。 ·烤漆一般在无尘室施工，如在现场施工则需要清洁干净后才能施作，施工的时间较长，因此造价更高，优点是好整理且质感佳。
	钢烤	·就是最高阶的喷漆，目前常用于厨具的面板材料，色彩丰富有亮光及平光两种，施工难度高只能在工厂加工，造价最高。
	钢刷	·为了更加感受原木材质的触感纹理，木材贴皮上可再加上钢刷处理，以加深木皮纹路，看起来有如实木质感。 ·施工价格略高，目前较常使用的材质为梧桐木、科定板等。

柜子的形态

柜体大致区分为"高柜""半高柜""上吊柜""矮柜"四大种类。玄关区的玄关柜建议选择高度 80 ～ 100 厘米的展示用半高柜，让视觉上感到自在放松。若收纳需求大时，玄关区的鞋柜建议做成 235 厘米高的高柜。

除了柜子类别不同外，有时也使用造型分类。以电视墙为例，现都是薄薄的液晶电视机，电视的主墙就多了很多的变化可以发挥：

❶ 收纳电视主墙：收纳空间不够时，电视主墙为最好的收纳空间，整面做起收纳高柜，简单却可收入大量的物品。

❷ 壁炉式电视柜：电视柜设计成壁炉的形状，上方烟囱为展示空间，火炉则成为电视悬挂位置，下方是主机柜。

❸ 一字形的主机柜：将电视直接挂在壁面，主机规划在 45 厘米下方的柜内，让主墙简单，也可在电视的背墙做造型，如木皮作分割为直纹或横贴、凹凸或跳色设计或贴上喜欢的壁纸或直接油漆上色。

❹ 直立的主机柜：如一字形的主机柜，只是将主机放在主墙的极左或极右的位置，这样的设计会让空间的深度变大，客厅的视觉空间有变大的效果。

❺ 电视双面柜：电视主墙结合餐具柜，将 60 厘米高的电视主机柜当成隔间墙，一边是电视主墙，背面则是餐具柜。电视主墙的下方则是主机柜，电视主墙是隔间也是餐具柜的设计，适用在空间不足的居家环境。

❻ 吧台是电视柜：最常看到小户型的设计，当居家空间不够时，会将吧台结合电视及工作台，让三种功能融合在一个柜体。

❼ 多层次的立体电视主墙：运用放射性的排列，将电视主机放在最底面，加上灯光一层层的增加厚度，让中间形成展示空间及主机柜，底部到主机柜会有 60 ～ 65 厘米的深浅形成。

类别	图示	形式组合	特色
高柜 （高度100～ 240厘米）	 （外侧） 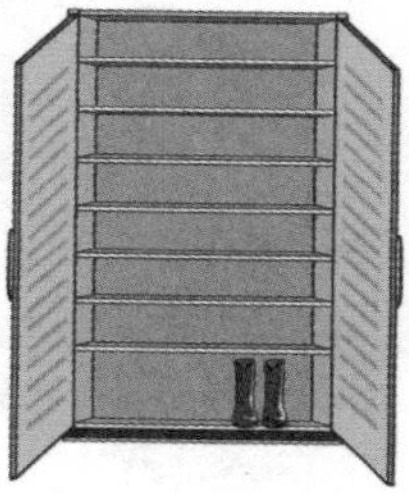 （内侧）	（外）门扇 （内）层板	置放在玄关的门扇鞋柜，柜内以活动式层板设计最实用，方便依鞋高、鞋型调整高度。应用于鞋柜、储物柜。
		（上）开放式层板 （下）门扇	上层展示柜可放美丽的餐盘或书籍，下层门扇柜内通常收纳不常用的物品。应用于书柜、餐具柜。

类别	图示	形式组合	特色
高柜（高度100～240厘米）		开放式层板	需注意层板厚度应为4厘米以上承重力较佳。应用于书柜、展示柜。
		（外）拉门 （内）层板	常见于走道空间不够的拉门设计，应用于衣柜、收纳柜、餐具柜。
		（上）门扇 （中）层板 （下）抽屉	常见于书柜、餐具柜、展示柜。
		（上）玻璃门板 （中）工作台 （下）抽屉、层板	功能性而言，橱柜可做成三段式柜体，上段为155～165厘米至220～240厘米处为吊柜，中段80～95厘米至155～165厘米则放空为台面，下段85厘米以下做成抽屉式的餐具柜。

类别	图示	形式组合	特色
半高柜（高度80～100厘米）		（上）抽屉 （下）抽屉、门扇	选择多功能的半高柜，桌面可放书，柜内可再搭配分隔储物盒，找寻小物件更方便，符合需求轻松生活。应用于卧室床边柜。
		（上）门扇 （中）层板 （下）抽屉	供小家庭使用简单餐点，可在吧台上喝咖啡、品酒，甚至将吧台当作工作台，下柜的置物功能，让生活更便利。应用于厨房的吧台下柜。
		（上）工作台 （下）层板	可搬动的柜子可依需要放置在厨房任何地点，搭配不锈钢层板、实心橡木台面，坚固耐用又易于保持干净。
		（上）镜 （中）工作台 （下）抽屉	配合一般女性的身高，通常台面离地面起85厘米。

类别	图示	形式组合	特色
半高柜（高度80～100厘米）		（上）工作台（下）抽屉	浴柜下层需离地约20厘米，工作台面则建议设计到60厘米，搭配抽屉组成。
矮柜（高度50厘米以下）		（上）工作台（下）抽屉	除了摆放电视，电视柜也可以是一个收纳功能完整的储物柜，将相关的游戏机、播放器、连接线、遥控器等整齐有序地收纳。
		（外）上掀门（内）收纳柜	通常以高度35～40厘米、宽度80～90厘米的矮柜为卧榻，坐在矮柜上双脚可自由伸放其上，舒适地观赏窗外景致，矮柜内也有置物的收纳功能。
地板下收纳柜（高度50～60厘米、宽度60～90厘米）		（外）上掀门（内）收纳柜	地板下的收纳矮柜高度为40～45厘米，可分为两种柜型：①考虑到抽轨五金的限制，故通常使用"抽屉"，长度为50～60厘米，这种长度在使用上也较便利。②考虑五金、地板结构安全性与承重要加上缓冲铰链。

类别	图示	形式组合	特色
上吊柜（使用者身高往上加55~60厘米）		开放式层板	吧台吊柜可设计马克杯架、酒杯架,而吧台吊柜要比吧台桌内退20厘米,避免坐在椅子上撞到头。
		（外）门扇（内）收纳柜	如果书桌不是面对窗户,而是靠墙,可以考虑在书桌上方加装吊柜或层板柜。但在书桌上方加装了吊柜,会遮蔽一些光线,故需要加装光源,有利于保护视力。
		（外）门扇（内）收纳柜	餐具上柜多是放置杯盘、酱料等轻小型物品收纳,为了不影响其下方的工作区的使用,深度只会做到约40厘米。
		（外）门扇（内）层板	浴室镜柜用以收纳牙膏、牙刷、刮胡刀、保养品等,深度为12~15厘米即可。

材质与风格的暧昧情仇

开始打造你想要的风格

现代人常会因为受到阅读、电影或旅行的影响，喜欢特定的地方和特色的感觉，各式各样的风格让我们对于家的期许也更加多元。房子不只是要居住，更要住得舒服、漂亮且有个性。因此现代的家，屋主总希望自己能打造出特定风格。

"色系"与"风格"密不可分，风格的选择其实会与房子的外面环境与室内空间高度、大小有关系，选择适合的风格才能让空间视觉加分。例如：现代风格较没有地域性的限制，乡村风则和窗外有绿意或有阳台的空间相关，古典风格需要较大的屋内空间、通常室内空间要够高才能将风格做得美丽到位。家中不可或缺的柜子设计也受到居家风格的影响，呈现各种千变万化的面向，以下将浅谈现今最受大众欢迎的设计风格，分为现代风、乡村风、古典风、北欧风、混搭风、工业风，来看看你最喜欢的是哪一种吧！

选择喜爱的风格，轻松打造你的爱家。

现代风

选择色系：白色、灰色、黑色
风格特质：实用主义、简洁线条

柜体线条简约，以密闭收纳为主

整体空间以简单为主，没有主灯，天花板以间接灯光和嵌灯为主。柜体线条简单且没有多余装饰，线板色彩单一，以喷漆和烤漆为首选，木皮选直纹橡木染白、黑檀木及铁刀木，地板以抛光为主。整体的空间以开放空间为主轴，隔间则选用大量的玻璃材质，视觉上空间就是"白""灰""黑"三色。以密闭式的收纳柜呈现，家具为钢烤、不锈钢家具配上简约皮制沙发，整体空间偏冰冷但极度简洁。

此外，现代风讲求简练高雅，强调降低视觉的干扰程度。空间里的收纳功能规划必须适当隐藏，例如：因看不见电器的线路所以不显得凌乱，或让柜子与墙面同色，并利用门扇间的沟槽设计隐藏把手，故站在房间内看不见柜子。

乡村风

选择色系：白色、橘色、绿色、大地色系
风格特质：可爱温馨、自然质朴

以展示为主的乡村风柜体，注重营造仿旧手法

乡村风是近几年最受欢迎的风格之一，线板、红砖、山形纹的橡木及印花布都是乡村风格中重要的元素。黑铁搭配灯罩或花朵形的主灯也是常见的风格特质。复古红砖地板或是山形纹橡木的地材为最佳选项，家具则以偏黄的橡木山形纹为主，搭配半圆形的线板，呈现展示柜体，窗帘、沙发、抱枕以布面单色或花卉图案为主。除了硬设备，家中处处有盆栽，家庭生活照、桌巾、桌旗、拼布、地毯布置也是乡村风中必备，壁炉的设计则会让乡村风格更鲜明。

因乡村风为简化古典风融入平民生活而形成的风格，柜体门扇的处理上多半选择天然材质，或运用刷白和染木的手法，为了更贴近乡村风的仿旧感，常以多次上漆刮磨来营造，尤其是在柜子放上一些自己搜集的杯盘和相框，就能充满温馨可爱的感觉。此外，借由透气性绝佳的百叶扇门为柜体，可以更好通风，也是乡村风和古典风格中常见的设计手法。

混搭风

选择色系：白色、红色、橘色、蓝色 / 桃红色、紫色 / 色绿，
以上选一种配合但要注意色彩的协调性
风格特质：玩转创意、和谐共存

柜体与空间色系互搭最不容易出错

也许你既喜爱复古风又喜欢工业风，却担心风格太混乱，其实连服装穿搭都已经跨越性别了。你当然可以依喜好与设计师沟通，将东方与西方、现代与古典等喜欢的混搭风格，规划出色彩和元素的最佳混搭比例，不但不突兀也能充满创意与特色，例如运用花草壁纸呈现英式典雅再加上简约的木刻花片带出质朴休闲风，在视觉上丰富又宁静，毫无违和感。

若想要自己动手DIY，可将基础装潢做好，维持不可动装潢与可动家具比例为 2：8 为最佳。好的混搭必须营造出特殊的视觉空间概念，建议基础墙面与地板可选择大地色，让人觉得空间感更稳定，然后再加入重点色彩，营造出独特情调，规划时一定要有白色平衡彩度。可动家具的灵活弹性调配，可随季节或心情变动配置方式或加入其他对象以变换风格。若你更爱冒险，也可以在屋子里制造色彩、材质上的小冲突，例如将不成套的沙发和单椅，搭配优雅的古典家具，将小冲突变成大惊喜。

古典风

选择色系：原木色、黄色、红色、金色、蓝色、绿色、紫色、白色
风格特质：典雅气质、雍容华贵

繁复雕花和线板构成古典风柜体的要素

　　是所有风格中造价最高且需要费心维护的。营造理想的古典风格首先家中空间要大，格局最好挑高。古典风格中的线板、实木、大理石及水晶灯都是重要元素，不论是天花板、柜子、门框、壁面、窗帘都有着精美雕花和多层次的线板，天花板一定有个华丽的水晶灯，花朵、天使图腾也不可少。柜体以柚木或花梨木为主柜体，镶嵌线板或雕刻花朵、天使的图样以呈现欧风贵气，门扇上以锻制把手增添华丽感。此外，柜脚若以猫脚式呈现让古典风味更上一层。

古典风家具能与质朴的原木色系完美融合

北欧风

选择色系:白色、灰蓝色、湖水绿色、棕色、咖啡色
风格特质:自然共生、乐活态度

强调自然概念、简约线条的北欧风，同时也能与任何居家风格互搭。

让北欧风格更有味道的是多彩缤纷的色系

　　北欧风格近年来颇受年轻人喜爱，我觉得北欧风其实是现代风与乡村风的结合。北欧位于寒带地区，日照时间较短，喜欢采用白色为主，让空间更明亮，但户外常常是白雪皑皑，故室内会用色彩让空间温暖。空间中不会只有一个主色，柜体的搭配也不会是单一色彩，多采用木皮如橡木染白、柚木木皮或喷漆柜体，让不同的色系融合在空间中。柜子的质感线条较轻盈，有些柜体以喷漆替代木皮，沙发不再是整系列，采用主沙发搭配休闲椅或单椅，或是装饰具设计感的趣味椅子。空间的色彩多元，灯具的造型简单有设计，没有一定的规范，布置上却一定有玻璃制品及木头制品的点缀，若有着爷爷或父母用过的家具穿插在其中，则让北欧风的居家空间更有味道。

239

工业风

选择色系：都会风格的色彩运用，大量采用红色、黑色、白色系，偏向纽约 SOHO 都会样貌的工业风则融合黑、白、红、金属色

风格特质：硬派个性、自由实现

_Mountain Living

硬派素材展现个性，柜体以展示为主

　　"LOFT"现在已掀起一阵流行的浪潮及生活态度，这种空间形式源自美国 20 世纪 60 年代，纽约曼哈顿 SOHO 区一些经工业化浪潮之后的废弃工厂、仓库，因其租金便宜而吸引了许多艺术家进驻，诠释出不同于主流文化的随性和自由。"LOFT"风格有着让人向往的独特个性，保留了粗犷的原始架构与材质，例如：剥落的红砖、

冰冷基调的工业风,混合木制品为家带出一丝温度。

　　斑驳的墙面、钢架结构、混凝土台面、水管与木头制成的柜子和层架等,整体空间交织了现代前卫与复古怀旧的率性美感,让家呈现无明显空间区隔的开放性氛围。此外,也可在空间中加入原木家具、织品等增加暖度,让工业风增加亲切感,平衡一些冷调的氛围。

　　工业风柜体常以铁艺和木材层板混搭,例如铁制水管状支架当作柜体支架,能加强柜体的承重力,当冷调的铁艺搭上暖调的木材可说是互不冲突却又能相辅相成。具有强烈个性的工业风柜体以展示柜型为主,常见用于书架、电视柜、餐具柜。

柜体设计"专业用语"解密

了解专业更能事半功倍

承重、入柱、盖柱？一大堆听不懂的设计术语让你心发慌吗？相信看完了前面的内容已勾起你的设计冲动，迫不及待要大展身手了。设计师为了落实每个屋主成家的梦想，到底是怎么沟通的呢？以下列出设计师常用的专业术语，帮助你和设计师、木工沟通时更到位。

1 承重

柜子需有足够的承重力才能使用得更久，常常会看到有些柜体好像才用不久，层板怎么就有了微笑的曲线？或在家具公司看到横拉式衣柜或双层横拉的书柜，现场使用时都平顺好拉，买回家装了衣服使用一段时间后再拉开门就卡卡的，双层书柜有时更糟，一放上书后难以拉动，其实这些都是五金的承重力不够！

柜子为了收纳，内部都以层板为主，有时我们也会担心什么样的层板才能够承重，什么样的层板是不耐重的呢？其实实木层板最耐重，木工层板其次、玻璃层板则与它的厚度有关，厚的较耐重，最差是密度板。若有特别重的东西需收纳，在规划时就要先告知设计师或木工师傅以加强承重，例如：保险箱、微波炉、干燥箱等。此外，固定层板比活动层板耐重，4厘

米厚层板比 2 厘米层板耐重，短层板比长层板耐重，木工层板比系统层板耐重。

　　一般门扇的柜体，内部宽度都在 100 厘米以下，内部层板都是 2 厘米厚度，承重一般物品都足够，但如果是要放重的物品，例如收藏酒则最好是使用固定层板，再将层板厚度加到 4 厘米会较安全，不然就将重物放在柜子最下方较安全。

　　书柜是最容易有承重问题的柜体，目前流行长横层板很不耐重但是美观感十足，可作为展示架，但全放书就会容易变形。书柜最好的层板宽度是 45 ～ 60 厘米，层板厚度最好是 4 厘米最安全。而衣柜的挂衣杆的跨距过大也会有承重的问题，有时挂太多衣服在衣杆上，衣杆也会变形崩坏，最安全的跨距在 100 厘米以下较安全，如果跨距较大时，就在中间加上支撑架分散重量也是方法之一。

2 入柱

　　正面能看得到柜体的框边就是"入柱"，门扇与立柱成一平面。而最常用做入柱设计的柜体，为乡村风和古典风居多。

3 盖柱

门扇在框边前，整个柜子只看得见门扇与门扇间的勾缝即是"盖柱"。最常用作盖柱设计的柜体，多为现代风与系统柜。

4 系统柜 E0、E1、V313、V20

随着时代的进步，现代人越来越注重环保、低甲醛等议题。系统家具板材以甲醛含量分类，E1 级以蒸馏滴法，用 1 平方米的系统板测试甲醛含量在 $1.5mg/m^3$ 以下、 E0 级在 $0.5mg/m^3$ 以下、E2 级在 $4mg/m^3$ 以上，含量越低对人体越好，但 E0 级比 E1 级贵两倍。而 V313、V100、V20 指的是防潮系数，将板材在温度 −70 ~ +70 摄氏度的模拟环境下，连续浸泡 3 天，测试原本 1.8 厘米的板材膨胀比例为 3%、6%、12%，所以膨胀比例愈高，表示板材遇到潮湿气候，就愈容易受潮变形。

5 无缝处理

由于石材有大小块之分，因此在石材与石材的接缝，利用环氧树脂（EPOXY）抹缝并加以研磨即是无缝处理，不仅不会看到缝隙，更没有缝隙发黑的苦恼。

6 贴皮

木制收纳柜主要都是固定家具，一般分为贴实木与贴皮两种。实木大多是作为活动家具较多，一般木工工程的柜体是木工板，柜内直接做上波丽板，门扇上与柜身才会贴上木皮。

贴木皮表面会再喷漆染色，因此可选择自己喜欢的颜色。现在木皮板已渐渐取代木皮，因为木皮板耐刮不需再上漆，兼具施工期短又环保的优点。当柜子做得较多，建议在一开始木材可多购入一些，若是用不完还可退，以免最后不够用再去购买，再发生不同批木材产生纹路和色差的问题。

7 美耐板

美耐板本身较为耐磨，且不会有色差，施工后也不需再作漆面处理，且防火性佳，用百洁布即可简单清理。如果使用美耐板最好是用实木线条或是实木皮收边，可以避免收边处看到美耐板的剖面黑缝。

第四部分

现在就请师傅来施工吧!

1 楼梯收纳柜

柜体 材质 **CABINET MATERIAL**
喷漆

风格	木皮 1	木皮 2	壁纸	玻璃
现代风	喷漆	深灰色系 （00NN 25/000） （0BB 21/856）	阶面	深色系
北欧风	喷漆	白色系 蓝色系 （30BG 56/097） （90BG 56/08）	阶面	浅色系

注：10 组设计柜图的风格、色彩可依喜好混搭，本篇提供读者们基本的搭配法为参考。
　　（本篇的油漆色号选用 ICI）

ICI：是英国帝国化学工业集团的简称，此处以 ICI 油漆集团的 Dulux（多乐士）色号为准。

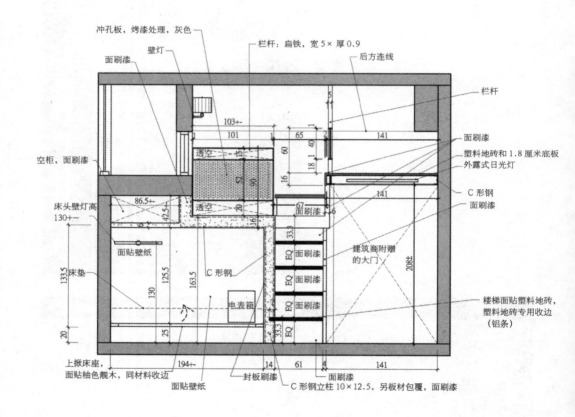

冲孔板，烤漆处理，灰色

壁灯

面刷漆

栏杆：扁铁，宽 5× 厚 0.9

后方连线

栏杆

空柜，面刷漆

面刷漆

塑料地砖和 1.8 厘米底板

外露式日光灯

C 形钢

面刷漆

床头壁灯高
130+−

透空

面贴壁纸

面刷漆

建筑商附赠
的大门

床垫

C 形钢

电表箱

EQ 面刷漆

EQ 面刷漆

EQ 面刷漆

EQ

透空

床

楼梯面贴塑料地砖，
塑料地砖专用收边
（铝条）

上掀床座，
面贴柚色靓木，同材料收边

面贴壁纸

封板刷漆

面刷漆

C 形钢立柱 10×12.5，另板材包覆，面刷漆

103+−
101
65
141
60
40
18
16
86.5+−
42.5
52
90
20
16
67
33.3
125.5
163.5
130
133.5
20
25
194+−
14
61
141
208±
5
1
2
1
6
6

2 衣柜

柜体材质 CABINET MATERIAL
柚木木皮、檀木木皮、壁纸、玻璃

风格	柜体	边框	抽屉	斗柜底面
现代风	喷漆白色	黑檀（深灰）	喷漆白	墨玻璃
工业风	喷漆绿色系（70YY 12/167）	白橡染灰	喷漆（00NN 37/000）	喷漆白色系

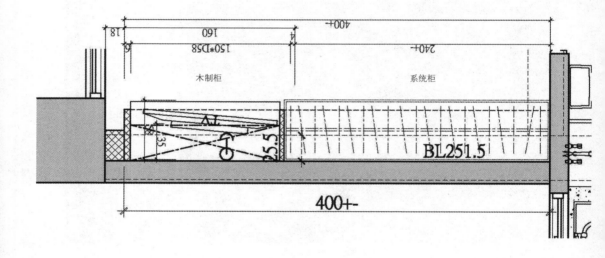

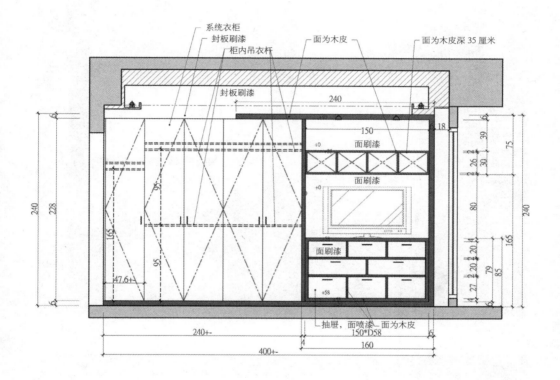

系统衣柜
封板刷漆
柜内吊衣杆
面为木皮
面为木皮深 35 厘米
封板刷漆
封板刷漆
240
150
面刷漆
面刷漆
面刷漆
抽屉，面喷漆　面为木皮
150*D58
240+-
400+-
160

3 书柜

柜体材质 CABINET MATERIAL

桧木木皮、贝壳杉、喷漆

风格	立柱	面材	底面
北欧风	蓝色系 （30BG 56/097）	橡木木皮	白色系
工业风	灰色系 （00NN 10/000）	喷漆 （00NN 62/000）	白色系
混搭风	柚木木皮	喷漆白色	绿色系

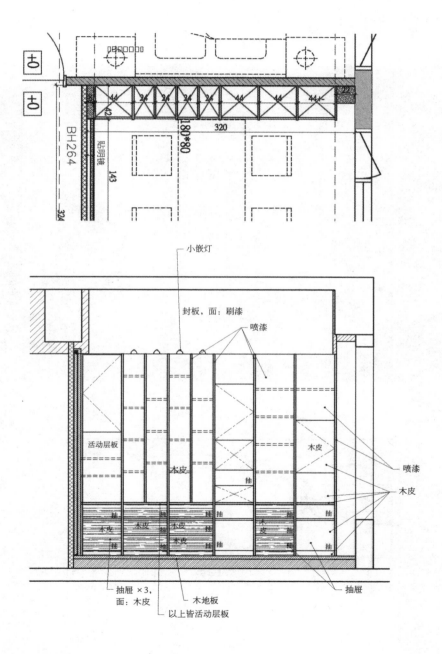

4 浴柜

柜体材质 CABINET MATERIAL
美耐板

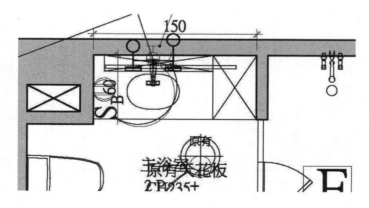

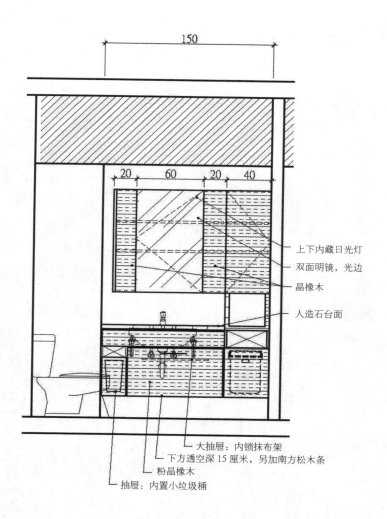

150

20　60　20　40

上下内藏日光灯

双面明镜，光边

晶橡木

人造石台面

大抽屉：内锁抹布架
下方透空深 15 厘米，另加南方松木条
粉晶橡木
抽屉：内置小垃圾桶

▲ 主浴室，镜柜和面盆下柜立面图

5 玄关电视柜

柜体材质 CABINET MATERIAL
胡桃木、铁件花片、喷漆、玻璃

风格	红砖	电视柜	花片
现代风	喷漆白色	胡桃木皮染深	白色
工业风	喷漆黑色	白色系	喷漆黑色
北欧风	喷漆白色	橡木集成材	白色

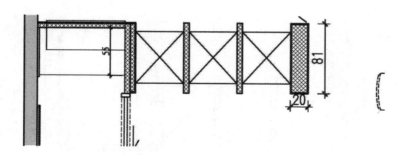

＊此柜门扇、抽屉做斜把手

＊此柜最上方层板，内嵌 0.5 厘米喷砂强化玻璃

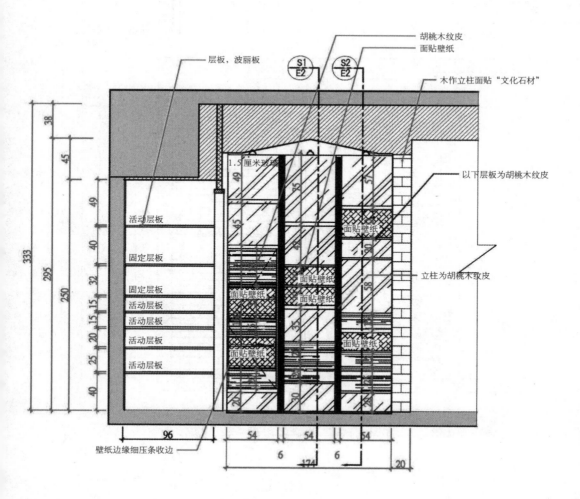

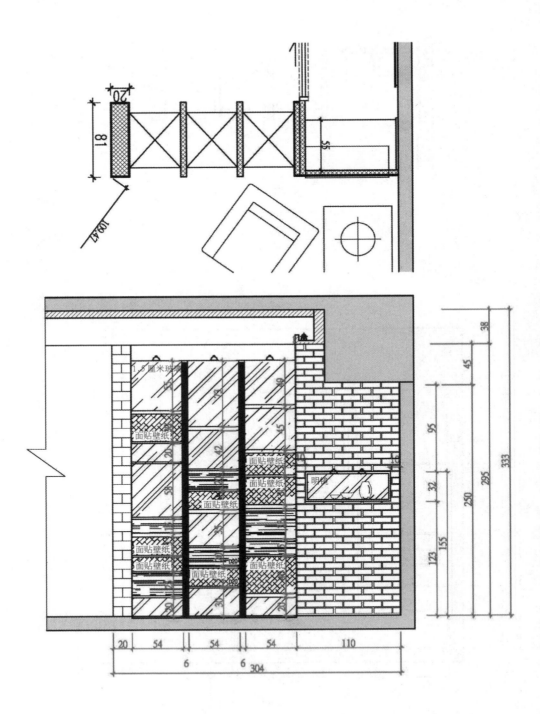

6 功能电器柜

柜体材质 CABINET MATERIAL
美耐板

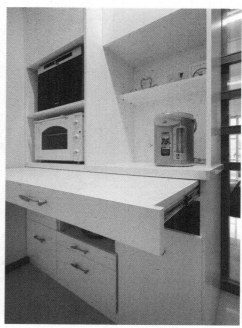

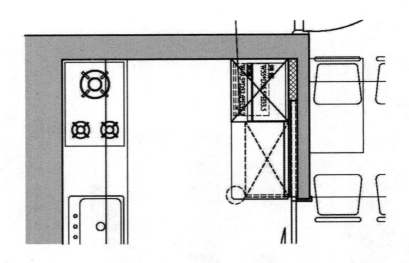

柜内活动层板，等分
面：白色波丽板

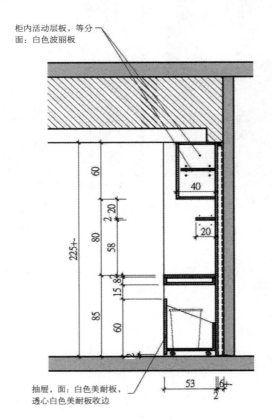

抽屉，面：白色美耐板，
透心白色美耐板收边

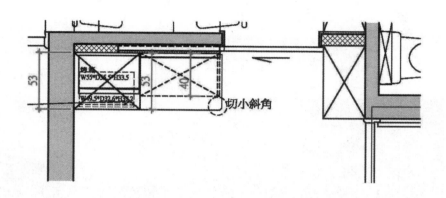

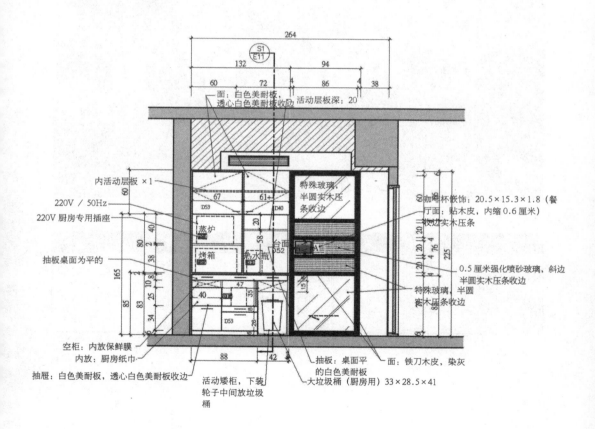

7 变化型书柜

柜体材质 CABINET MATERIAL
柚木、橡木染灰

风格	柜体
现代风	橡木染白
北欧风	秋香色木皮、喷漆白
工业风	灰喷漆 （00NN 20/000）

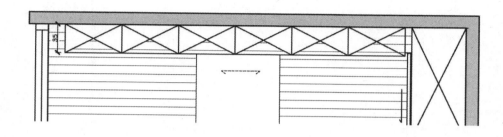

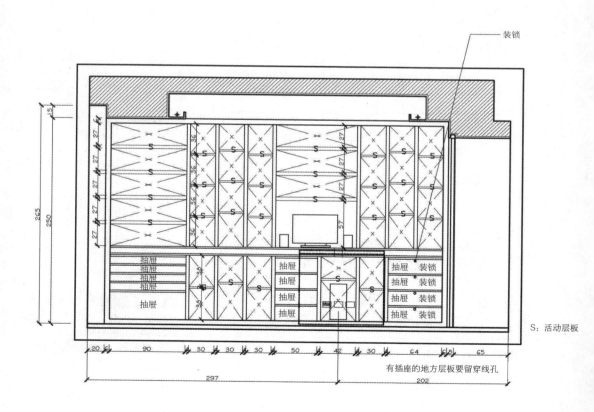

装锁

S：活动层板

有插座的地方层板要留穿线孔

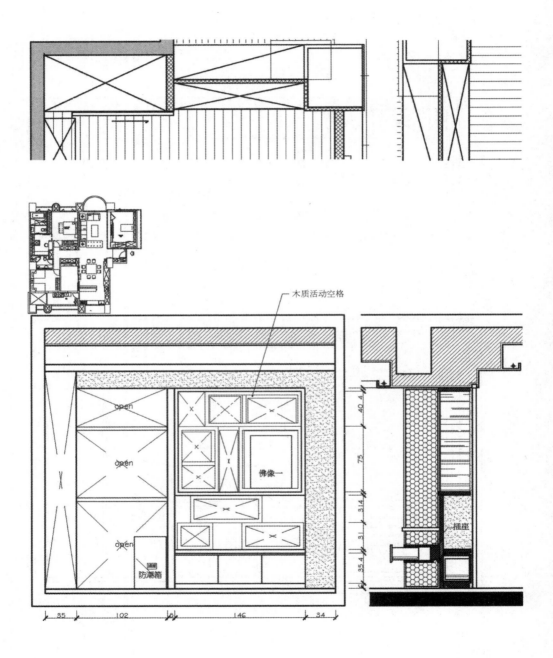

木质活动空格

open

open

open

防潮箱

佛像一

40.4

75

3.14

31

35.4

插座

35   102   0   146   34

8 乡村餐具柜

柜体材质　CABINET MATERIAL
线板、喷漆、镜子

风格	柜体	柜底面
北欧风	喷漆白色	蓝色系 （10BB 40/090）
古典风	柚木木皮	明镜
混搭风	绿色系 （90YY 15/279）	红色 （09YR 11/475）

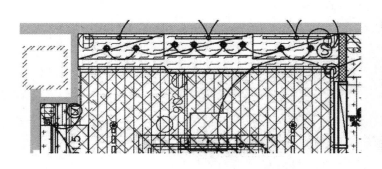

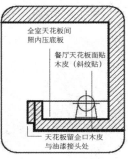

全室天花板间
照内压底板

餐厅天花板面贴
木皮（斜纹贴）

天花板留企口木皮
与油漆接头处

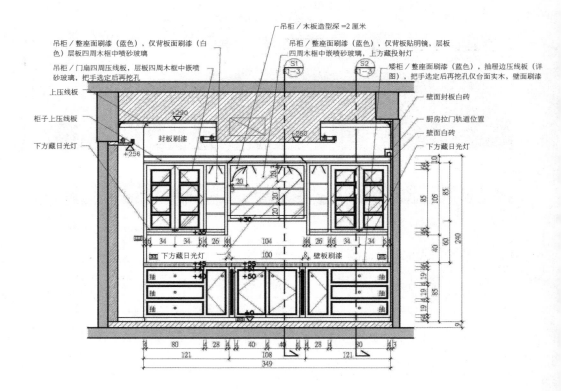

吊柜／整座面刷漆（蓝色），仅背板面刷漆（白
色）层板四周木框中喷砂玻璃

吊柜／门扇四周压线板，层板四周木框中嵌喷
砂玻璃，把手选定后再挖孔

吊柜／木板造型深 =2 厘米

吊柜／整座面刷漆（蓝色），仅背板贴明镜，层板
四周木框中嵌喷砂玻璃，上方藏投射灯

矮柜／整座面刷漆（蓝色），抽屉边压线板（详
图），把手选定后再挖孔仅台面实木，壁板刷漆

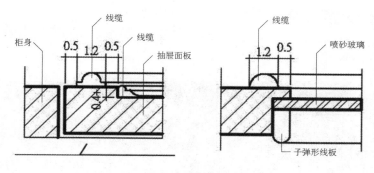

▲ 木框中嵌喷砂玻璃

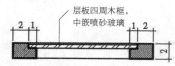

▲ 木框玻璃层板

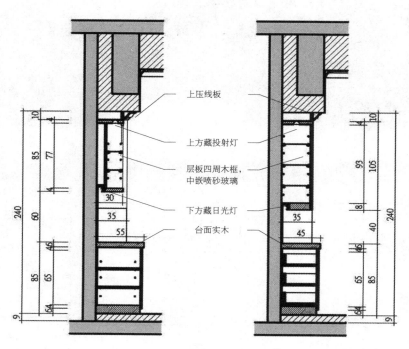

9 玄关鞋柜

柜体材质 CABINET MATERIAL
柚木木皮、檀木木皮、壁纸、玻璃

风格	木皮 1	木皮 2	壁纸	天花板	墙壁
现代风	黑檀木	黑檀木	灰镜	白色系	白色系
现代风	檀木	橡木	黑檀木	白色系	灰色系 （30BB 2/003）
乡村风	白橡木	秋香色木	白橡木	白色系	绿色系 （10GG 66/098） （90YY 72/225）
					黄色系 （50YY 75/254）
乡村风	秋香色木	喷漆白	花样系	白色系	棕色系 （44YY 70/138） （30YY 70/120）

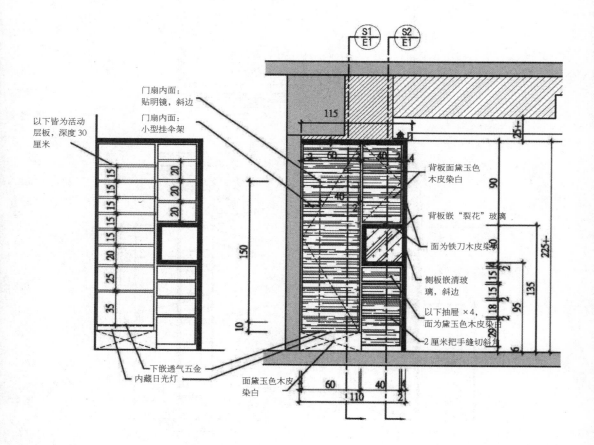

门扇内面：
贴明镜，斜边

门扇内面：
小型挂伞架

以下皆为活动
层板，深度 30
厘米

背板面黛玉色
木皮染白

背板嵌"裂花"玻璃

面为铁刀木皮染黑

侧板嵌清玻璃，斜边

以下抽屉×4，
面为黛玉色木皮染白

2厘米把手缝切斜角

下嵌透气五金

内藏日光灯

面黛玉色木皮
染白

S1 S2
E1 E1

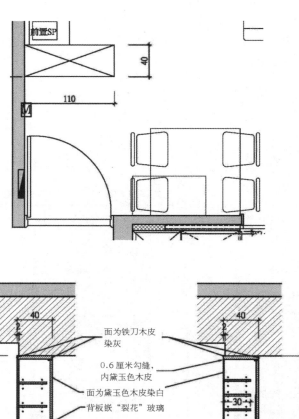

面为铁刀木皮染灰

0.6厘米勾缝，内黛玉色木皮

面为黛玉色木皮染白

背板嵌"裂花"玻璃

面铁刀木皮染灰

侧板0.5厘米强化清嵌玻璃

面为黛玉色木皮染白

门扇内面：贴明镜，斜边

背板：面贴黛玉色木皮染白

下嵌透气五金

内藏日光灯

柜内：全部项目波丽板

10 电视柜

柜体材质

CABINET MATERIAL

橡木木皮、胡桃木皮、瓷砖、花片、天花板、壁面油漆

风格	木皮		天花板	墙壁
现代风	胡桃木皮	墨玻	灰色系	—
混搭风	橡木木皮、胡桃集成	明镜	紫色系 （30RB 15/086）	橘色系 （70YR 44/378）
	瑞士檀木			
	柚木木皮		白色系	
乡村风	白橡木皮染白、秋香色木皮	复古砖	白色系	白色系
			黄色系 （60YY77/180）	绿色系 （10GG 66/098） （90YY 72/225）

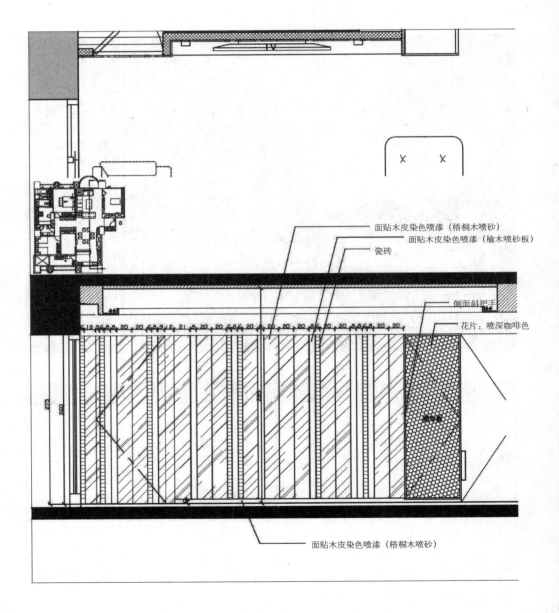

面贴木皮染色喷漆（梧桐木喷砂）

面贴木皮染色喷漆（榆木喷砂板）

瓷砖

侧面斜把手

花片：喷深咖啡色

面贴木皮染色喷漆（梧桐木喷砂）

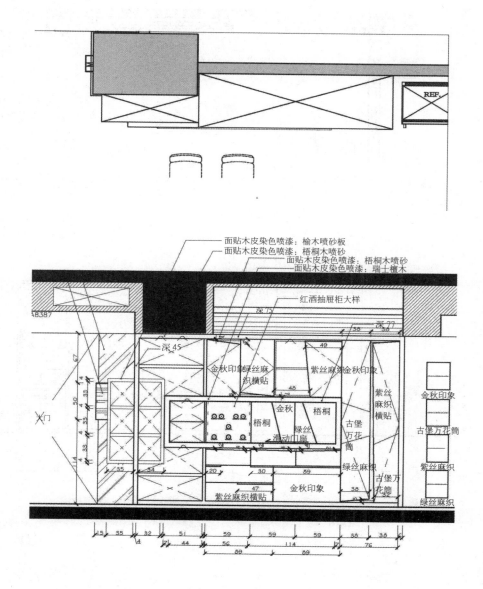

面贴木皮染色喷漆：榆木喷砂板
面贴木皮染色喷漆：梧桐木喷砂
面贴木皮染色喷漆：梧桐木喷砂
面贴木皮染色喷漆：瑞士檀木

红酒抽屉柜大样

金秋印象绿丝麻织横贴

紫丝麻织金秋印象

梧桐　　金秋　　梧桐

古堡万花筒

绿丝麻织滑动门扇

紫丝麻织横贴

绿丝麻织

金秋印象

紫丝麻织横贴

金秋印象

金秋印象

古堡万花筒

紫丝麻织

绿丝麻织

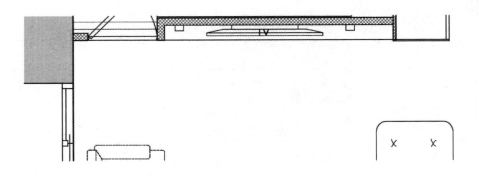

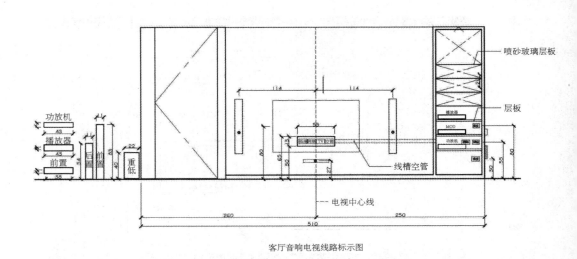

喷砂玻璃层板

层板

功放机

播放器

前置

后置

前置

重低

线槽空管

电视中心线

客厅音响电视线路标示图

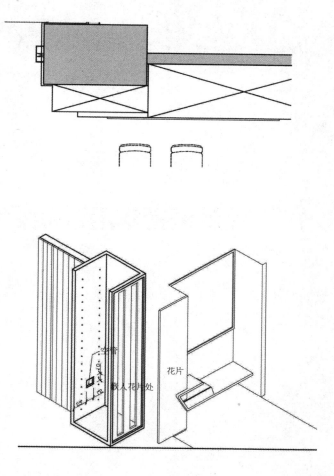

电视机柜透视图

第五部分

设计橱柜常用五金配件

1 隐藏式门扇的五金：回归铰链

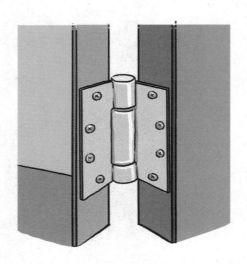

应用特色

隐藏式门扇最主要的五金配件在于"铰链"，目前市面上低端的和高端的价格相差 10 倍以上。铰链能够自动回归定位，当打开门后会自动关起来，适合用在需要隐私的空间，最常使用在浴室门扇，其他如：主卧门对到客厅或大门、厕所门扇对到餐厅或是遮蔽不想外人看到的空间。隐藏式门扇施工完成后可与造型壁面密合看不出门的位置，也常用在玄关的衣帽间或餐厅旁的浴室形成隐私空间。

施工要点

在施工时要注意门扇透气与风动流动的因素，不然完工后有时会因为风的流动发出"嘭嘭"的不密合的声响。

2 折叠书桌 + 台面的五金：
支撑式油压棒、暗铰链

检查！

应用特色

在空间不足或是希望有更多的收纳空间时，折叠书桌是很好的选择，可以保有完整的柜体收纳兼具书桌功能，方便又不占空间，且可将桌子隐藏在书桌、餐厅收纳柜、衣柜中。

施工要点

折叠书桌需要两种五金，一是可折下来的支撑式油压棒，二是桌面的暗铰链，两者合用比较不会有支撑上的问题。折叠书桌的深度不适合过长，一般设定在 45 厘米以下，且要注意不能重压，需要特别注意。

3 抽屉的五金：三节式轨道

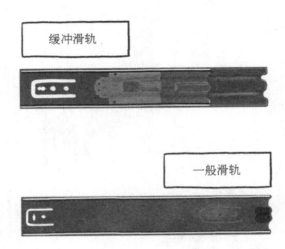

缓冲滑轨

一般滑轨

应用特色

　　抽屉五金过去都是两节式轨道，这样的抽屉无法全开只开到 2/3，三节式的轨道可以将抽屉全开，方便使用。轨道也是有尺寸限制，轨道最短是 20 厘米，最长则是 90 厘米。还有一种自动回归缓冲的轨道，造价较高，使用不当时容易在关上时产生无法密合的情况。

施工要点

　　除了注意轨道的长度是否合适，还要考虑自家对抽屉的要求，如果抽屉规划放较重的物品，更要注意滑轨的承重量。

4 拉门的五金：
轨道

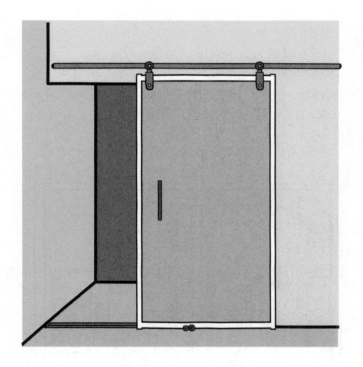

应用特色

拉门的轨道又分为"上下轨道""上轨道"和"玻璃拉门轨道"。上下轨道的组成其实是上面是吊轮、下面是铝制 U 形凹槽，为传统的拉门轨道。稳定性高且不会晃动变型，缺点是地面有沟槽美观度不足。

目前大都采用上轨道上方是导轮，门扇上编沟固定，这种施工方式适合单门扇拉门，较为美观但门扇会晃动则是缺点。

玻璃拉门的轨道价最高，一组拉门五金价格在 200 ～ 4000 元都有，因它除了轨道还需加夹片，而一般五金都是不锈钢加上玻璃很重，所以要是加重轨道，造价较高。国产的在 2300 元以下，进口的在 3000 ～ 4000 元不等，还有品牌差异。

施工要点

安装完成后一定要试着推拉一下拉门看是否流畅。如果是玻璃拉门建议选用强化材质，避免遭到撞击发生事故，此外也要考虑玻璃门板载重的问题。

5 房门和浴室的五金：门把手

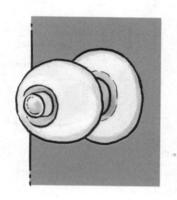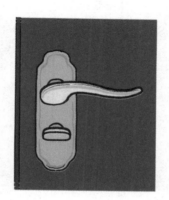

应用特色

　　门把手分为水平锁、喇叭锁和把手加辅助锁。过去都是以喇叭锁是最普遍，现在房门都采用水平把手，浴室也有专门的把手，浴室内有锁，而外面可用钥匙打开，避免小孩不小心把自己锁在浴室的安全考虑。有些房间选择有造型的把手，则需另外加辅助锁。把手的价钱自几十到几千元都有，看到美丽的把手千万别太冲动！一定要先试握看看，毕竟美丽的把手不一定好使用，这是我惨痛的切身经验。

施工要点

选购门把手要考虑握起来的手感，不要为了追求新颖，而忽略门把手的实用性。依照不同空间属性选购门把手，像是卫浴的门锁，建议选择能够抑菌的铜制门把手。

图书在版编目（CIP）数据

厉害了，我的橱柜！ ：橱柜设计超图解 / 游淑慧著
一 南京：江苏凤凰科学技术出版社，2017.8
　ISBN 978-7-5537-8577-6

　Ⅰ．①厉… Ⅱ．①游… Ⅲ．①厨房－箱柜－设计－图
解 Ⅳ．①TS665.2-64

中国版本图书馆CIP数据核字(2017)第193079号

江苏省版权局著作权合同登记章字：10-2016-524号
原著作名《橱柜设计超图解》，原出版社：风和文创事业有限公司，
作者：游淑慧

厉害了，我的橱柜！ —— 橱柜设计超图解

著　　　者	游淑慧	
项 目 策 划	凤凰空间/单　爽	
责 任 编 辑	刘屹立 赵　研	
特 约 编 辑	单　爽	

出 版 发 行	江苏凤凰科学技术出版社
出版社地址	南京市湖南路1号A楼，邮编：210009
出版社网址	http://www.pspress.cn
总 经 销	天津凤凰空间文化传媒有限公司
总经销网址	http://www.ifengspace.cn
印 　　刷	北京博海升彩色印刷有限公司

开 　　本	710 mm×1 000 mm　1 / 16
印 　　张	18
字 　　数	213 000
版 　　次	2017年8月第1版
印 　　次	2024年1月第2次印刷

标 准 书 号	ISBN　978-7-5537-8577-6
定 　　价	69.80元

图书如有印装质量问题，可随时向销售部调换（电话：022-87893668）。